Chengshi Jiaotong Wangluo Jidongche Paifang

城市交通网络机动车排放

Cesuan Fangfa ji Jianpai Celüe Fenxi

测算方法及减排策略分析

郭 栋 孙 锋 赵金宝 著

人民交通出版社股份有限公司
China Communications Press Co.,Ltd.

内 容 提 要

本书以城市拥堵区为研究对象,主要介绍了城市道路排放测试试验研究、基于比功率的微观排放模型建立、主干路段行车特征及排放定量测算、区域排放定量分析及评价、单点交叉口机动车排放优化研究、基于单向改造的区域排放优化、基于信号配时的区域排放优化、考虑地域差异的机动车排放清单建立方法、新能源汽车发展带来的环境效益分析。

本书适合车辆工程、交通运输及交通工程专业本科、研究生以及相关行业从业者学习参考。

图书在版编目(CIP)数据

城市交通网络机动车排放测算方法及减排策略分析/郭栋,孙锋,赵金宝著. —北京:人民交通出版社股份有限公司,2017.5

ISBN 978-7-114-13622-1

Ⅰ.①城… Ⅱ.①郭… ②孙… ③赵… Ⅲ.①城市交通网—汽车排气污染—空气污染控制—研究 Ⅳ.①X734.201

中国版本图书馆 CIP 数据核字(2017)第 073476 号

书　　名:城市交通网络机动车排放测算方法及减排策略分析
著 作 者:郭　栋　孙　锋　赵金宝
责任编辑:夏　韡　时　旭
出版发行:人民交通出版社股份有限公司
地　　址:(100011)北京市朝阳区安定门外外馆斜街 3 号
网　　址:http://www.ccpress.com.cn
销售电话:(010)59757973
总 经 销:人民交通出版社股份有限公司发行部
经　　销:各地新华书店
印　　刷:北京市凯鑫彩色印刷有限公司
开　　本:787×960　1/16
印　　张:12.25
字　　数:221 千
版　　次:2017 年 5 月　第 1 版
印　　次:2017 年 5 月　第 1 次印刷
书　　号:ISBN 978-7-114-13622-1
定　　价:28.00 元
(有印刷、装订质量问题的图书由本公司负责调换)

前 言

FOREWORD

随着城市机动车保有量的增加与道路相对有限的矛盾不断加剧，带来了交通环境的持续恶化，相关研究表明，单纯从机动车内部降低排放潜力已经不大。在这种情况下，如何实现微观、中观及宏观多尺度城市机动车排放的定量测算，并从合理运用汽车、交通管控策略实施以及新能源汽车发展多角度制定具体的减排策略已成为当务之急。本文在排放建模方法、多尺度排放定量评价及减排策略制定上进行深入的研究和探索。

选择城市代表车型，在市区四种等级道路上进行车载排放测试，获取了大量的尾气排放数据，计算得到了描述各等级道路的机动车行驶工况参数值，在分析机动车尾气生成机理的基础上，应用比功率分析方法，得到了城市机动车瞬时功率与尾气排放之间的规律，最终获取了不同比功率区间三种车型机动车的质量排放率。

结合特定路段及交叉口的交通状况，通过采用软件完成交通动态仿真，结合构建的排放模型定量评价主干路、交叉口及区域轻型车、中型车和公交车不同排放污染物的排放分担率，实现了微观及中观层面的机动车排放定量评价；考虑不同地域柴油车及汽油车排放差异较大的特点，参照相关资料确定基础排放因子，并结合地域差别进行修正，结合当地汽油车行驶里程和保有量等信息，确定了城市柴油车及汽油车排放清单的建立方法，实现了宏观层面的城市机动车排放定量评价。

针对城市饱和交叉口交通运行及污染现状，开展以排放优化为目标的单点交叉口信号配时优化及立交改造研究。提出了以排放为主要指标的信号配时优化方案，并以延误作为辅助验证指标，开展信号配时优化研究；并提出不完全式立交（方案A）和苜蓿叶式立交（方案B）两种方案，结论表明可有效降低车流在交叉口因车流冲突而引起的减速及怠速等待工况，减少车辆污染物排放。

选择城市拥堵区域作为研究对象，开展以排放优化为目标的单向改造和信号配时优化研究。通过微观排放模型，结合改造前后机动车实时仿真输出的运行状况，对比两种方式改造前后的排放和延误差异。计算结果表明，通过优化交通管控措施，可大大降低区域的机动车排放总量，同时可降低机动车延误、使区域路网机动车运行顺畅。

最后引入生物种群竞争机制的 Lotka - Volterra 模型，仿真分析电动汽车、传统汽车及天然气汽车的保有量变化趋势；基于清华大学 Tsinghua - CA3EM 模型，利用全生命周期分析方法，分析未来我国汽车发展的节能减排效益。

研究成果可为从微观、中观及宏观三个尺度定量评价城市机动车排放状况提供理论依据，并为从合理运用汽车、交通管控策略实施以及新能源汽车发展等多角度制定面向环境优化的机动车减排策略奠定理论基础。

本研究得到国家自然科学基金项目（51508315、51608313）资助，并得到山东省自然科学基金项目（ZR2014EL036、ZR2015EL046）和山东省重点研发计划（2016GGB01539）资助。

作　者

2017 年 3 月

目录

CONTENTS

第1章　绪　　论

1.1　研究目的及意义

根据中华人民共和国环境保护部(简称环境保护部)发布的中国环境状况公报,从2012年325个地级及以上城市环境空气质量执行《环境空气质量标准》(GB 3095—2012)后,达标城市比例不断提高,全国城市空气质量呈逐渐改善的趋势,如图1-1所示。但是,与国外发达国家相比,大气质量仍存在较大的差距,例如早在2001年统计数字,瑞典的50个城市大气调查结果表明,其空气质量都优于我国的大气环境质量一级标准。

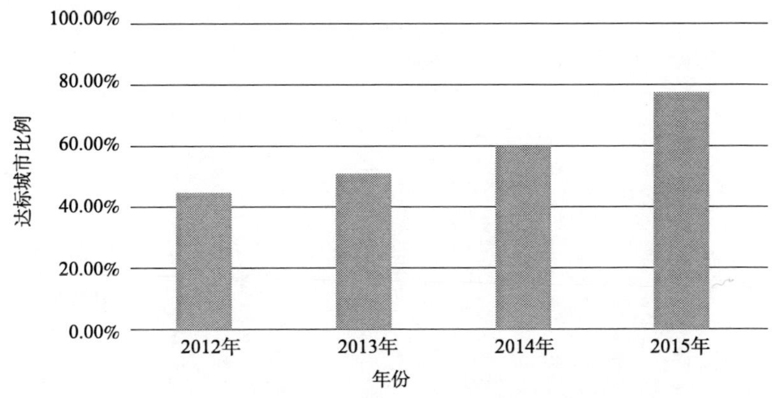

图1-1　全国325个地级及以上城市环境空气质量达标比例

《国民经济和社会发展第十二个五年规划纲要》提出了"十二五"期间强化污染物减排和治理,实施主要污染物排放总量控制。加大机动车尾气治理力度,深化颗粒物污染防治。建立健全区域大气污染联防联控机制,控制区域复合型大气污染。地级以上城市空气质量达到二级标准以上的比例达到80%。

我国经济自从1990年开始进入了高速发展阶段,随着经济的快速增长,带来了机动车保有量的迅猛增加。2009年汽车保有量达到了1.7亿辆,是1992年的24倍,同时道路里程每年只增加3%~5%。交通需求与基础设施供给之间的矛盾不断加剧，不仅让城市不断向外蔓延，同时造成了严重的交通问题。在越来越多的大城市，交通变得越来越拥挤，并且造成了环境恶化及交通事故增加等一系列的问题。

根据不同时期城市大气污染物来源的分类统计，如图 1-2 所示，机动车排放污染物的排放分担率已达到 50% 以上。机动车尾气中的有害物质主要为一氧化碳（CO）、碳氢化合物（HC）、氮氧化合物（NO_x）、硫氧化合物（SO_x）和二氧化碳（CO_2）等，前三者对人体的危害程度及治理难度都要大些，表 1-1 为机动车尾气对环境和人体的危害。尽管我国陆续出台了更加严格的排放标准，但机动车污染整体形势仍然相当严峻。我国“十五”规划指标中，城乡环境质量有所改善，但是主要排放物总量比 2000 年减少 10% 的规划最终没能实现。而在“十一五”规划中将其列为约束性指标，各级地方政府有责任尽一切努力在保持经济稳定高速增长的同时，努力减小污染水平。这种约束性的体现，主要表现在降低排放的具体措施。比较美国的发展情况可以看出，加大科技力量投入，采取适时适当的办法是完全可以在机动车保有量增加的情况下控制机动车排放污染物的上升趋势的，同时也是很紧迫的、必要的。

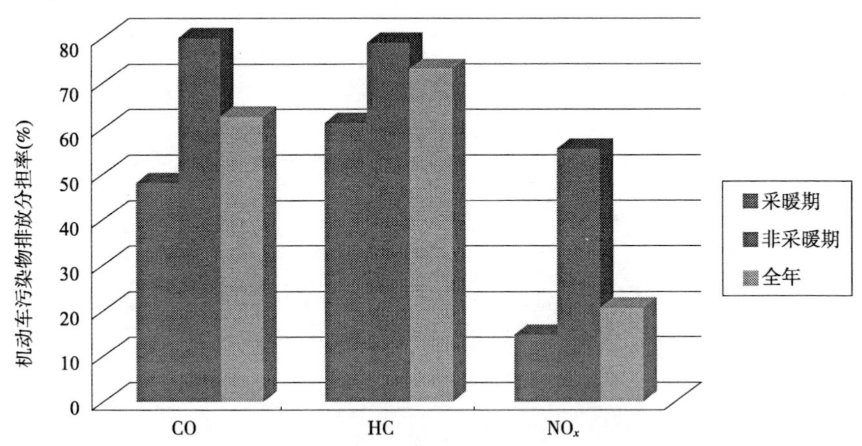

图 1-2　不同时期机动车污染物排放分担率

从排放物的分布重点上说，城市大气污染超标严重的区域往往集中于人口稠密、道路网密集、交通繁忙的地区。研究交通拥堵区域交通流中车辆的排放特点、排放模型和影响车辆排放性能的制约因素，研究规划合理的道路交通环境，并对排放相对集中的区域提出管控方案，是在越来越紧迫的“节能降耗，防污减排”形式下的客观需求。

机动车尾气对环境和人体的危害 表1-1

污染物	主要危害
一氧化碳	与血红蛋白结合,导致血液携氧能力降低,从而造成体内缺氧
碳氢化合物	具有很强的致癌作用,对肺、肝有很大影响
氮氧化合物	(1)在日光照射下,与烃类物质合成光化学延误,造成窒息; (2)导致水富营养化,对生态系统产生严重影响; (3)产生致癌物质,导致肺功能下降; (4)增加湖泊酸性,造成植物和建筑物的损害
二氧化碳	温室气体,造成气候变化
铅	(1)影响儿童智力和身体发育,造成阅读和理解障碍; (2)影响成年人心血管系统,与高血压和心肌梗死相关性较高
颗粒物	(1)浓度增加,影响人体健康; (2)心脏和呼吸系统疾病的主要影响途径; (3)一些颗粒物对酸沉降有一定影响

机动车排放是道路设施建设过程中应主要考虑到的因素之一。然而,至今还没有相关方面的有效评估手段。环境保护也已成为21世纪围绕交通运输业的重要研究课题,是交通运输实现可持续发展的必然要求。因此,从不同角度研究车辆排放的影响因素、排放模型及寻求治理交通环境的相应的交通管理和控制措施已成为交通运输工程学科领域的重要研究内容。

以长春市制定的1996—2020年综合交通体系规划为例,根据长春市交通存在的主要问题,以及未来交通发展的趋势、经济发展状况、结合远景战略目标,提出了为实现战略目标而确定的可以选择的交通发展模式。

模式一:以强化交通需求管理和交通管制为主的发展模式。以大力加强交通管理为中心任务,挖掘现有交通设施的潜力,对市中心区土地开发强度加以严格控制,减少中心区的交通产生和吸引,从严控制机动车的增长,对交通实行源流控制并举,减少交通负荷,整顿交通秩序,使交通状况得到改善。

模式二:优先发展公共交通为主的模式。建设市区以轨道交通、快速公共交通为主体的大容量交通网络,积极引导出行方式选择,优化城市交通结构,提高交通运输效率,减少低效、无效交通负荷,合理利用资源,保护环境。

模式三:以新建、改建道路设施为主的发展模式,构筑以城市快速路和主干路为主的城市道路网系统,通过对道路的扩容,结构调整,实现交通流在城市空间的合理分配,达到交通需求与交通供给的平衡。

通过长春市制定的综合交通体系发展模式对比可知，以交通管理为主的模式，只需58%～74%的花费即可实现较其他两种发展模式同样甚至更好的效益，见表1-2，从交通管理的角度来保证机动车获得更理想的行驶环境效果显而易见。

长春市交通发展模式效益对比 表1-2

定量指标			模式一（交通管理为主）	模式二（发展公交为主）	模式三（道路建设为主）
机动车总量发展（万辆）			24.4	29.3	34.8
工程建设投资（亿元/年）			5.5	9.5	7.5
2010年完成的工程规模	道路工程	快速路（km）	0	0	0
		主干路（km）	186.4	186.4	200
	轨道交通（km）		20	33	20
大公共承担的客运量（亿人次/年）			8.92	9.96	8.92
全市道路网平均负荷度			0.61	0.7	0.69
全市道路网平均服务水平			Ⅱ级	Ⅱ级	Ⅱ级
中心区路网平均负荷度			0.7～0.8	0.7～0.8	0.7～0.8
中心区路网平均服务水平			Ⅲ级	Ⅲ级	Ⅲ级
中心区车辆平均行驶速度（km/h）			20～25	20～25	20～25

当前国内交通问题研究的重点仍然集中在缓解交通拥堵而不是减少尾气排放上，采用的交通控制策略往往以缓解交通拥堵、疏导交通流、减少旅行时间等为目的，而极少考虑其对减少尾气排放的作用。但是，机动车的尾气排放很大程度上受到车辆的速度和加速度的影响。在拥挤路段，频繁的起动、停车和加减速，使得该路段的尾气浓度明显高于其他路段。众所周知，可选择的交通管理和控制策略很可能会改变路网中车辆的行驶工况，从而影响车辆的瞬时运行状态，而不同的瞬时运行状态将潜在地导致不同的尾气排放。最新的研究表明，以缓解交通拥堵和以降低尾气排放为目标函数的交通控制策略常常是不一致的，甚至是冲突的。因此，对交通控制策略的有效评估，应该同时考虑其对改善交通运行状况和减少尾气排放的影响。

通过车载排放测试试验，获取排放数据与对应的机动车运行工况数据，定量解析各种影响因素与机动车排放之间的关系，分析道路等级对排放的影响；利用综合涵盖速度、加速度、道路因素的比功率建立微观排放模型；通过交通仿真软件实时获取机动车的运行状况并输出，通过编制程序结合微观排放模型和交通仿真模型计算区域的排放总量；以排放为主要指标，延误为辅助指标进行交通控制策略的效益分析。这些将为政府有关部门制定环境管理制度、合理制定城市规划和建设管理提供决策依据,具有重要的实用价值。

1.2 现有改善排放措施

大部分机动车排放污染物产生在机动车燃烧阶段,环境领域的研究者从排放污染物的产生机理及排放途径出发,从以下五个方面进行了排放控制研究。

1)机动车内部性能提升

现代科技的发展,带来了机动车内部排气控制技术的革新,应用在机动车上的排气控制技术如图1-3所示。

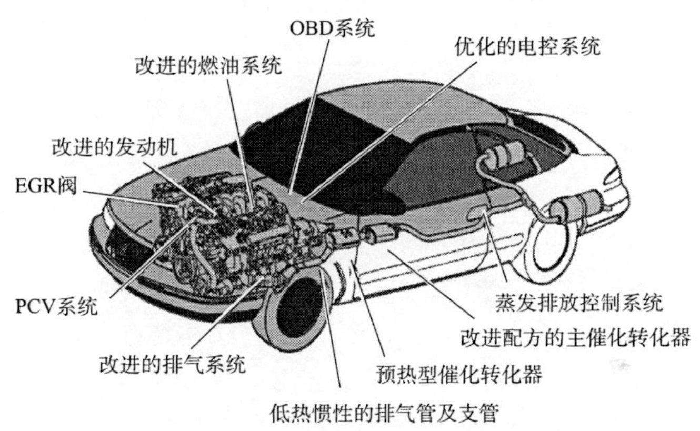

图1-3 应用在机动车上的排气控制技术

机动车排放污染物的形成基于一系列因素,对于一个维护良好的发动机,最重要的是空燃比。现代汽油车发动机具备了电控燃油喷射系统,可以优化油流速度来保证最佳的燃烧情况,可以提供足够的氧来保持燃烧。在这样的情况下,二氧化碳、水和氮氧化物是主要的燃烧产物。韦雷格研究表明在实际交通运行情况下,排气管装有三元催化转化器会减少70%的机动车排放。

2)更加严格的排放控制标准

机动车排气技术水平直接影响机动车排气污染物的排放量,一辆高污染机动车污染物排放量相当于国Ⅰ、国Ⅱ、国Ⅲ、国Ⅳ排放标准的机动车排放量的5倍、7倍、14倍、20倍。目前,国家新机动车注册上登记上牌执行国Ⅲ排放标准。2011年新机动车注册登记上牌执行国Ⅳ排放标准,图1-4所示为轻型汽油车的排放限值变化过程。

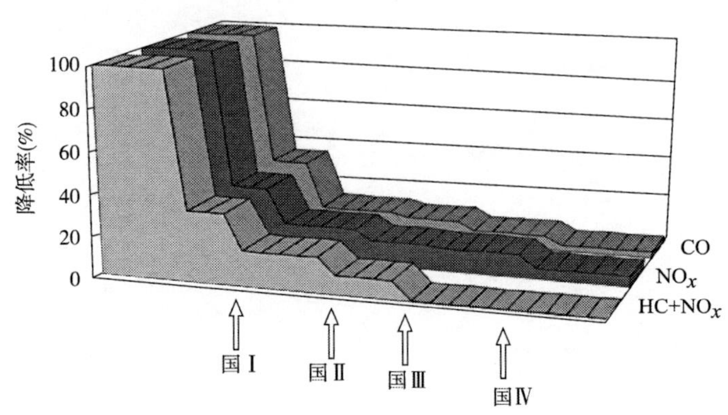

图 1-4　轻型汽油车排放限值演变过程

3)采用清洁燃料

清洁燃料的定义是能使汽车排气污染低于常规汽油或柴油的燃料或能源,包括替代燃料和专门配制的汽油与柴油燃料。面对日益严重的环境污染,清洁燃料的发展越来越引起环境专家和汽车工作者的重视。目前,公认的清洁燃料主要包括:电能、醇类汽油(乙醇汽油、甲醇汽油、丙醇汽油)、气体燃料(天然气、液化气、氢气)、新配方汽油等。其中,使用最广泛的是电能、醇类汽油及天然气、新配方汽油。同时,从节能的角度,清洁燃料也是替代燃料,同样具有十分重要的战略地位。所以,《节能减排"十二五"规划》指出:调整能源消费结构,促进天然气产量快速增长,推进煤层气、页岩气等非常规油气资源开发利用,加快风能、太阳能、地热能、生物质能、煤层气等清洁能源商业化利用,加快分布式能源发展,提高电网对非化石能源和清洁能源发电的接纳能力。到 2015 年,非化石能源消费总量占一次能源消费比重达到 11.4%。常见的几种常见清洁燃油优劣势比较见表 1-3。

几种常见清洁燃料优劣势比较　　表 1-3

能　源	优　势	劣　势
电能	(1)零排放; (2)发电厂排放易于控制; (3)可以在夜晚充电	(1)当前技术限制; (2)较高的车辆花费,较差的车辆适应范围和性能; (3)不易更换燃料
乙醇汽油	(1)非常低的臭氧层 HC 和有害物质排放; (2)可利用再生材料生产; (3)适合国内情况来发展	(1)高行车费用; (2)适应车辆范围少

续上表

能 源	优 势	劣 势
甲醇汽油	(1)良好的燃油经济性; (2)非常低的排放情况; (3)可利用再生材料生产	(1)燃油挥发性低,容易扩散; (2)车辆适应范围稍差
天然气(甲烷)	(1)非常低的排放; (2)可利用再生材料生产; (3)良好的燃油经济性	(1)较高车辆费用; (2)适应车辆范围少; (3)更换燃料不方便
丙烷汽油	(1)比汽油更便宜; (2)更广泛应用的清洁燃油; (3)稍低的排放; (4)良好的燃油经济性	(1)花费随需求增加; (2)原料供应不足; (3)缺乏能源安全性和交易收益
新配方汽油	(1)可以用在不改变车辆或燃油分配系统的情况下使用; (2)稍低的排放	(1)稍高的燃油消耗; (2)较差的能源安全和交易收益

4)机动车检测维修制度

国外大量研究表明,5%机动车排放占总排放量的25%,20%的机动车排放占到总排放量的60%。对于未安装排放控制装置的机动车,得到正确维护与修理的发动机与未进行调整的发动机相比,CO和HC的排放量相差可达到4倍以上。若排气管的催化转化器或氧传感器失效,CO和HC的排放可增加20倍以上,NO_x的排放则增加3~5倍。机动车排气污染管理工作的重点之一就是及时发现超标准排放车辆,督促车主对车辆进行修理,确保车辆达标排放。

随着行驶里程和使用年限的增加,机动车零件磨损加剧,排放也随之上升,如果进行适时的机动车检测维修,可以有效地降低机动车排放水平,减少排放量,如图1-5和图1-6所示。

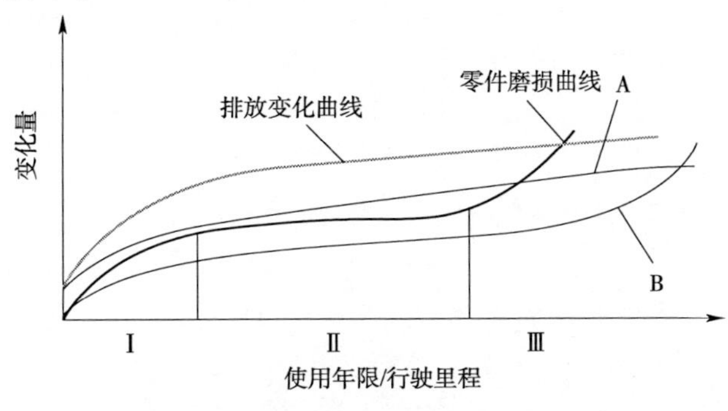

图1-5 合理磨合前后的排放磨损与排放对比

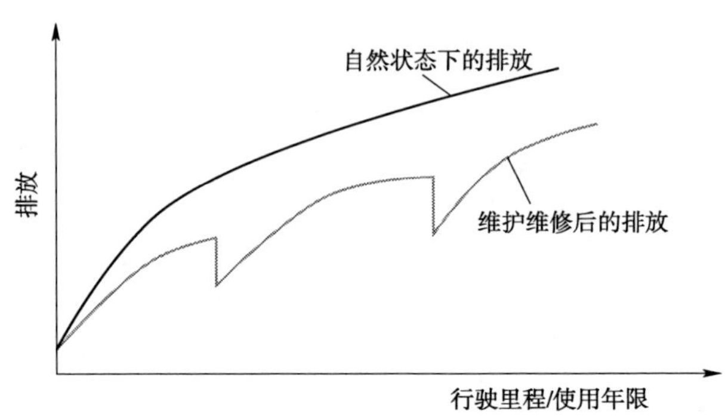

图 1-6 排放的实际变化规律示意图

5)从交通的角度改善排放

机动车排放对环境造成了恶劣的影响,包括加剧城市温室效应、增大了发生光化学烟雾的趋势和排放污染物危害身体健康。相对于机动车排放污染物造成的其他危害,三种主要排放污染物(CO、HC、NO_x)对人类身体健康的影响变得尤为引人关注。目前,关于控制机动车排放的策略,包含研究单车结构、规划合理的道路交通环境及加强交通管控措施。发达国家的经验证明,在许多方面上述前两类措施进一步降低排放污染的潜力已经不大,运用交通管理方法越来越受到重视。而其技术关键是交通流排放模型建立和排放优化策略选择。

从机动车排放的产生机理来讲,急加速,发动机维护不良以及起动对于机动车CO和HC的排放有着重要的影响,但这些因素对于NO_x的排放影响比较小,NO_x的排放随着平均速度的增加而增加。寻求通过交通管理策略来重新分配车流从而改善路网运行情况,可以降低机动车停车和起动的情况并有效减少延误,从而减少了CO和HC的排放,但同时由于平均速度增加造成了NO_x排放量的增加,因此,总体排放变化情况不能一概而论。总之,机动车排放情况受到交通管控措施的影响很大,研究不同交通管控措施下的机动车排放差异,对交通部门制定相关的策略有着重要的意义。

1.3 机动车排放的生成机理

发动机排放的基本成分主要有CO、CO_2、H_2O,过剩的O_2及残余的N_2,其余为不完全燃烧和燃烧反应的中间产物,包括CO、NO_x、HC、颗粒物、SO_2及臭气,其中最主要的有害排放物是CO、HC和NO_x。

1)CO 的生成机理

CO 是烃燃料燃烧的中间产物,是由于烃的不完全燃烧所致。根据燃烧化学,理论上当过量空气系数 $\phi_\alpha=1$(空燃比 $A/F\approx14.8$)时,燃料完全燃烧,其产物为 CO_2 和 H_2O,即:

$$C_nH_m+\left(n+\frac{m}{4}\right)O_2 = nCO_2+\frac{m}{2}H_2O \tag{1-1}$$

当空气量不足,过量空气系数 $\phi_\alpha<1$($A/F\approx14.8$)时,则有部分燃料不能完全燃烧,生成 CO 和 H_2,即:

$$C_nH_m+\frac{n}{2}O_2 = nCO+\frac{m}{2}H_2 \tag{1-2}$$

烃燃料在空气中燃烧生成 CO 的详细机理目前尚在研究之中。一般认为,烃燃料在燃烧过程中要经过一系列的中间过程,产生一连串的中间生成物。这些中间生成物如不能被进一步氧化,就可能以部分氧化的形式排出。CO 就是烃燃料在燃烧过程中形成的一种不完全氧化产物,其形成过程可表示如下:

$$RH\rightarrow R\rightarrow RO_2\rightarrow RCHO\rightarrow RCO\rightarrow CO \tag{1-3}$$

式中:RH——烃燃料分子;

R——烃基;

RCHO——醛;

RCO——酰基。

其中,RCO 自由基生成 CO,或通过热分解,或通过下列方式实现:

$$RCO+\left\{\begin{matrix}O_2\\OH\\O\\H\end{matrix}\right\}\rightarrow CO+\cdots \tag{1-4}$$

CO 在火焰中或火焰后区的主要氧化反应为:

$$CO+OH \rightleftharpoons CO_2+H \tag{1-5}$$

2)HC 的生成机理

汽车排放的 HC 成分非常复杂,估计 100~200 种成分,包括芳香烃、烯烃等。

缸内 HC 的成因:第一种是多种原因造成的不完全燃烧;第二是燃烧室壁面的淬熄作用;第三是热力过程中的狭缝效应;第四是壁面油膜和积炭作用。

(1)不完全燃烧。烃燃料的燃烧是一系列氧化反应,氧气过浓或过稀都导致燃烧不完全或失火。怠速、高负荷时,混合气过浓,造成不完全燃烧;加速或减速时,造成暂时的混合气过浓或过稀,此时就会产生 HC。

(2)壁面淬熄作用。壁面淬熄是指温度较低(300℃以下)的燃烧室壁面对火焰(温度2000℃以上)的迅速冷却(也称激冷,quenching),使活化分子的能量被吸收,链式反应中断,在壁面形成厚度为0.1~0.2mm的不完全燃烧的火焰淬熄层,产生大量未燃HC。

(3)热力过程中的狭缝效应。狭缝主要指活塞头部、活塞环和汽缸壁之间的狭小缝隙,火花塞中心电极的空隙、火花塞的螺纹、喷油器周围的间隙等处。狭缝总容积只占发动机燃烧室容积的百分之几。压缩过程压力升高,未燃混合气或空气被压入各个狭缝区域;燃烧过程压力继续增加,未燃混合气或空气继续进入狭缝,狭缝的面容比很大,淬熄效应强烈,火焰无法传入;在膨胀或排气过程,狭缝中的气体重新流回汽缸,随已燃气体一起排出。产生的HC排放可达总HC排放的38%,是HC排放的主要来源。

(4)壁面油膜和积炭作用。进气和压缩行程中,汽缸壁面上的润滑油膜、积炭(沉积在活塞顶部、燃烧室壁面和进气门、排气门)会吸附未燃混合气和燃料蒸气,所吸附的HC少部分被氧化,大部分排出汽缸。

3)NO_x 的生成机理

NO_x是指NO和NO_2的混合物,主要是NO。燃烧过程中NO的生成有三种方式,根据产生机理的不同分别热力型NO也称热NO或高温NO、激发NO及燃料NO。高温NO主要是由于火焰温度下大气中的氮被氧化而成,当燃烧温度下降时,高温NO的生成反应会停止;激发NO主要是由于燃料产生的原子团与氮气发生反应所产生;燃料NO是含氮燃料在较低的温度下释放出来的氮被氧化而成;在众多的生成方式中高温NO是主要的生成方式。生成NO的化学反应方程很复杂,而NO_2一般不再汽缸内生成,而是燃烧过程产生的NO经排气管排至大气中,在大气条件下缓慢地与O_2反应,最终生成NO_2。

1.4 国内外研究现状

将优化交通控制手段来削减排放和延误作为研究目标,围绕如何定量评价区域机动车排放现状及交通管控措施对区域排放优化研究这两个方面,综述国内外的研究情况以及未来的研究趋势。

1.4.1 区域排放的定量计算

如何有效的评价区域的机动车排放总量,首先需要确定污染源的分类、数量以及影响因素,在大多数排放总量的研究中,将单位燃油消耗的排放量(g/L)、单位行驶里程的排放量(g/km)或者单位时间的排放量(g/s)作为排放因子来分别结合燃油消耗量、行驶里程及行驶时间进行排放总量的计算。排放模型的建立是获得不同排放因子的基础,其中包含了对机动车排放产生影响的因素,包括车辆年限、行驶里程、运行工况、车辆负载等。随着排放模型越来越能反映真实的排放情况,正逐渐成为空气污染控制机构作为新的控制策略制定的工具。

1)国外研究现状

国外在确定机动车排放因子时,通常基于四种排放模型方法:基于机动车行驶工况的排放模型、基于不同运行状态的排放模型、基于燃油消耗量的排放模型和基于实际道路测试的排放模型。表1-4简要介绍了机动车排放模型的分类及其代表性模型。

常用的排放模型及特征 表1-4

建立方法	模型	应用范围	表征参数	计算原理	数据来源
行驶工况	MOBILE	宏观 中观	平均速度	统计回归	台架试验
	EMFAC	宏观 中观	平均速度	统计回归	台架试验 实际测量
运行状态	MEASURE	宏观 中观	VSP 平均速度	统计回归	台架试验
	CMEM	宏观 中观	发动机功率需求	物理原理	台架试验
实际道路测试	MOVES	宏观 中观 微观	VSP	统计回归	实际测量

基于行驶工况的排放模型:以MOBILE和EMFAC为代表,这类模型以平均速度为表征参数,所对应的每个特定的行驶工况都有一系列固定的怠速、匀速、加速、减速、起动、停车组成,修正后的排放因子与机动车行驶里程的乘积为得到的排放总量,不同的行驶工况代表机动车行驶在不同的状态下。在计算时没有考虑到发动机负荷对机动车排放的影响,而发动机负荷的增加必然带来发动机温度的升高,从而带来发动机排放量的变化。EPA研究表明,HC和CO排放量在高负荷的情况下会有20~100倍的增加。在进行区域排放计算时,采用累加的机动车排放因子,没有考虑到交通流运行状态对机动车排放的影响,不适于进行交通管控措施对区域排放变化的影响研究。例如,在进行交叉口信号协调及配时变化对区域排放总量影响研究时,难以准确评价。

基于运行状态的机动车排放模型：将机动车运行状态划分为怠速、匀速、加速和减速。众多研究者将机动车排放与速度、加速度、速度—加速度联合分布的关系进行了研究。美国开发的 MEASURE 综合包含了排放和模拟工况之间的关系，模拟工况包含了平均速度、加速度、减速度、加速比例、减速比例，通过不同模拟工况下机动车排放的累加来得到区域的排放总量。缺点在于没有考虑到道路等级对机动车排放的影响，据统计在相同速度下，机动车在坡度为 3.76% 的路上行驶，排放因子将增加一倍，坡度每增加 IV，HC 的排放因子将增加 0.04g/mile，CO 的排放因子将增加 3g/mile（1mile = 1609.344m）。

基于燃油消耗量的排放模型：通过每加仑或每升燃油燃烧产生的机动车尾气质量表征机动车的排放因子，建立不同类型机动车在不同燃油类型下的排放模型，将地区燃油消耗量累加得到区域的排放总量。区别于行驶工况排放模型采用试验室数据，基于燃油消耗量的排放模型采用遥感测试和隧道测试试验数据，更能代表实际道路的车辆排放。不足之处是不能反映机动车运行状态对车辆排放的影响，在区域交通管控措施改进时，难以定量评价所带来的环境效益。

基于实际道路测试的排放模型：通过实际道路排放测试来获取真实的机动车排放状况，相对于底盘测功机所测得的排放数据更能准确反映不同路况和不同驾驶人驾驶条件下机动车排放的变化。车载排放测试可以获得特定车辆在真实交通流和路况下的实时排放情况，如美国 Clean Air Technologies Inc 生产的车载排放测试仪器 OEM-2100，可以获取真实路况下的机动车排放数据，既避免了底盘测功机测试数据代表性差的问题；又可以涵盖很多路况，比遥感测试适用于更大的范围，在美国新开发的 MOVES 模型中，将车载排放数据作为建立排放模型的依据。随着车载测试系统的不断完善，实际路面下的车载数据为排放模拟尤其是微观模拟提供了准确的数据支持，成为今后交通环境工作者的研究方向。

如何准确定量评价区域的机动车排放状况是建立排放模型一项重要的标准。排放模型按照适用的尺度范围和功能可分为宏观、中观和微观三种。宏观排放模型是通过平均速度等参数来修正从而获取区域排放因子，得到区域排放污染物的总量及不同排放物贡献率；中观排放模型是与运输/排放/空气质量模型紧紧结合的，以期在复杂的交通运行状况下达到更准确估计的目的，主要用于某个交通区域的排放模拟；微观模型是能与微观交通仿真模型结合，它主要用于某一特定路段或是交叉口的排放模拟。在进行区域排放总量计算时，可以选择宏观、中观、微观三个层次出发来计算区域的排放总量，如图 1-7 所示。

当前，尽管国外对于宏观排放模型的研究已经非常成熟，关于排放总量和宏观策略调整都比较有效，但是在更为细致的点上的排放估计和交通管控技术方面的研究却比较少，这方面研究也尚不成熟，故国外正积极致力于对微观排放模型的研究，如 EPA 的新一代道路机动车排放模型 MOVES 将宏观尺度、中等尺度和微观尺度的模拟融合在一起，以满足在空气质量评价工作中不同的需要。机动车排放模型研究正逐渐从宏观向微观发展，排放测试方法注重获取逐秒的排放数据，排放模型模拟的时间尺度和空间尺度逐步趋向微观。而交通模型虽然发展比较成熟，但其中对排放的分析不够全面。因此，各国正致力于将交通模型和尾气模型通过输入、输出参数结合起来，更好地评价交通和排放之间的关系。

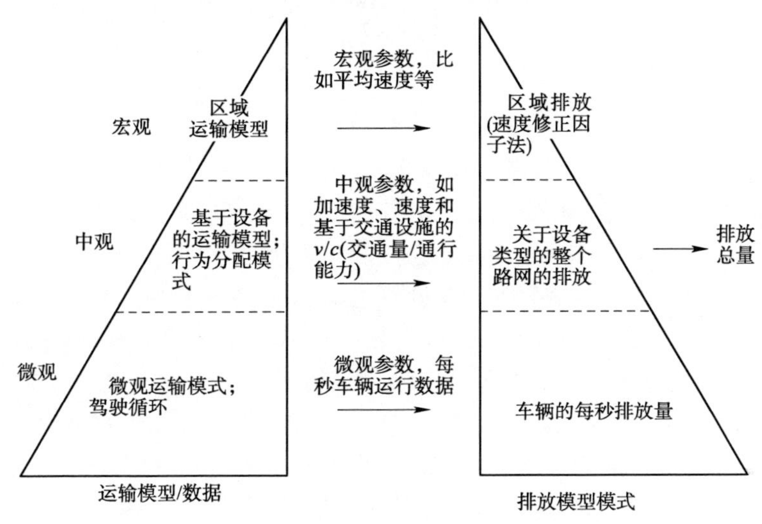

图 1-7 区域机动车排放总量计算框架

2）国内研究现状

到目前为止，国内仍没有统一并为科研工作者公认的机动车排放因子模型，国内城市在机动车排放计算及污染控制中，主要借用美国、欧洲等成熟的计算模型，或者采用国外自带尾气排放模型的交通仿真软件进行区域排放的计算。

清华大学的傅立新、郝吉明等综合利用 MOBILE5 模式和燃料消耗计算方法，在调查分析我国 1995 年（基准年）机动车基本数据基础上，建立了 THC、NMVOC、CH_4、CO、NO_x、CO_2、SO_2、Pb、PM10、N_2O 等 10 种主要的机动车污染物排放因子和排放总量计算方法，如图 1-8 所示。陈长虹等计算出中心城区 1995 年机动车尾气排放的 CO、NMHC 和 NO_x 负荷，分别占区域内机动车和固定源排放总量的 76%、93% 和 44%，并预测到 2010 年，中心城区内机动车排出的 CO、NMHC 和 NO_x 负荷，将分别占区域中机动车和固定源排放总量的 94%、98% 和 75%。北京大学的宋翔宇等以中国 2002 年各省统计年鉴中关于机动车及道路信息的数据为基础，并根据

COPERTⅢ模型计算出的2002年中国各省区各种机动车类型在城区、郊区和高速公路3种行驶工况下的排放因子,应用GIS技术建立了40km×40km的高空间分辨率的我国机动车排放源清单。

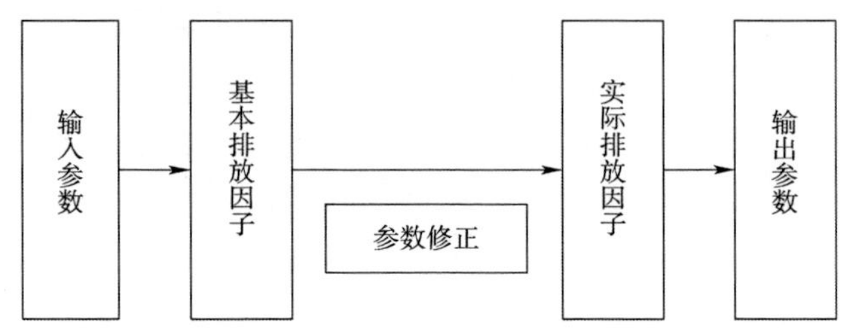

图1-8　MOBILE计算方法原理图

以往国内宏观研究多,微观研究较少,而且相关研究大多为对国外的成熟排放模型进行修正,由于模型基础数据为国外的车型和道路条件测得,与国内相差较大,对于估算国内的实际排放状况难免存在较大的误差。近几年,国内排放模型的研究转向微观排放模型,如将IVE排放模型进行参数修正,或开发自主的排放模型。如清华大学王岐东、霍红等以IVE排放因子模型的方法为基础,采用了基于国内实测数据的核心排放因子库,及适合我国实际情况的车型分类,针对城市尺度,建立基于工况的城市机动车排放模型,即DCMEM模型。吉林大学交通环境课题组以车载排放测试数据为基础,分别建立了基于速度、加速度、速度加速度联合分布的微观排放模型,并综合考虑道路坡度对排放的影响,以轻型车为例,建立了不同比功率分区的微观排放模型。

从国外和国内的研究现状来看,排放定量评价的研究有以下的趋势:

(1)在进行区域排放计算时,选择车载排放数据建立分车型、分污染物对应的数据库。

(2)从交通流运行参数角度建立描述机动车排放的微观模型。

(3)利用微观排放模型与交通仿真模型通过输入输出参数结合来计算区域的排放总量。

1.4.2　面向排放优化的交通管控措施

在过去的几年中,全球范围内从道路交通的角度研究降低机动车排放做了很多工作。从Tzeng开始最早将环境因素列入传统的交通组织考虑因素,在接下来的研究中,先后分析了通过道路改善、交通控制策略、信号控制策略、限速以及自行车和步行规划对区域机动车排放的改善情况,见表1-5。

国外研究进展 表1-5

年份	研究者	研究进展
1993	Tzeng	最早将环境因素列入传统的交通组织考虑因素,并发展了一个多目标交通分配模型
1994	Rilett 和 Benedek	用 IVHS 技术定量分析了利用简单的双节点两道网络下的环境改善情况
1998	Seika	不同交通控制策略下,比较了城市机动车排放的 NO_x 和其他污染物的浓度
2000	Shanua	研究了交通信号控制策略对机动车排放的影响
2003	Qu	分析了在不同的高速公路限速情况下机动车的排放变化
2004	Li	研究了通过优化单点信号控制交叉口信号配时带来的机动车排放和延误的降低情况
2004	slensminde	提出成本效益分析,利用步行和骑自行车的规划,来减少机动车排放
2005	Coelho	定量分析和比较了在 ETC(自动收费站)和 MTC(人工收费站)情况下交通特征和机动车排放的差异
2005	Zietsman	比较分析了在交叉口红灯的情况下排队车辆怠速或再起动两种策略下信号交叉口排放差异
2008	J. Lumbreras	分析了交通管控措施对城市排放的影响,并提出最有效的方式是更新车辆

在我国,研究交通控制策略与尾气排放之间的关系也日益得到重视,部分专家、学者提出了利用交通控制手段来有效控制机动车尾气排放及能源消耗的理论,并进行了相关的研究,见表1-6。东南大学在国家自然科学基金重点项目“可持续发展的城市交通运输系统研究”中研究了我国交通系统中的能耗、机动车尾气排放和噪声问题。北京交通大学在国家自然科学基金“基于 PEMS 的尾气排放控制策略成本效益分析”下研究了信号协调控制及非控制下的排放对比,并将 CMEM 排放模型与 VISSIM 结合建立微观交通尾气模拟平台,研究了设立公交专用车道以及改善信号配时对机动车排放的影响。但从总体上来说,国内对于考虑环境因素的交通控制研究仍然还处于起步阶段。

国内研究进展 表1-6

年份	研究者	研究进展
2002	冯晓	研究了不停车收费系统对于减少机动车排放污染的影响
2006	郝吉明	估算了包括道路利用和交通管理控制,使用中的车辆和新的车辆的排放控制,燃油品质的改善,引入清洁燃料汽车技术和财政奖励在过去十年期间对排放量减少的作用

续上表

年份	研究者	研究进展
2007	王云鹏	定量分析和比较了在单点信号交叉口进行信号配时优化和立交改造对交叉口区域机动车排放及延误的影响
2009	于雷	通过结合 VISSIM 和 VSP 排放模型计算了在信号协调和非协调两种控制策略下交叉口机动车的排放变化情况

从国内外面向排放优化的交通管控措施研究现状来看,核心问题在于排放模型和交通模型能够建立统一标准、彼此评价,从而指导交通规划和排放控制。在区域排放定量分析的基础上,要求实现以下几点:

(1)建立按照车型及污染物分类的数据库,构建微观排放与运行工况之间的关系模型,从而准确反映机动车运行状态带来的排放改变。

(2)排放模型和交通仿真模型可以通过输入输出参数结合,既能通过排放模型评价交通措施的有效性,同时也可以利用交通模型分析机动车排放状况,并提出相应的改善措施。

1.5 小结

将定量评价区域的排放、延误状况和利用交通管控措施优化排放及延误作为研究目标,通过建立基于比功率的微观排放模型和区域交通仿真模型,将二者结合定量分析区域的排放状况;并选择污染较为严重的路段进行排放为指标的交通优化策略的仿真,通过设计不同假设方案,分析比较不同的交通管理和控制策略对机动车排放及延误的影响,具体研究内容如下:

(1)采用车载排放测试方法,利用 OEM-2100 获取机动车在实际道路上的瞬态排放数据,用 GPS 仪器记录机动车在实际道路运动特征,建立机动车排放数据和行驶特征数据对应的数据库,分析机动车在不同等级道路上的行驶差异及速度对质量排放率的影响。

(2)采用物理工况模型分析机动车排放原理,分析机动车的比功率与瞬态排放的关系,进而对比功率进行分区,用各比功率分区来表征车辆的功率需求情况,并得到三种车型在不同的比功率分区下的质量排放率。

(3)选择交通拥堵问题严重的典型区域作为研究对象,通过动态交通仿真软件 Paramics 仿真实时的交通流运行状况,与三种车型不同比功率分区下的排放状况结合可以为量化区域的排放状况提供必要支持,并得到机动车在现状下的运行状况和延误情况。

(4)将单向改造作为区域交通管控的设计方案,选择顺时针组织单向交通,利用 Paramics 进行了单向改造后交通流仿真,并结合三种车型在不同比功率分区下的质量排放率计算仿真后的排放总量和交通延误情况,与改造前区域机动车排放量与交通延误进行对比。

(5)针对红旗街—延安大街区域交叉口信号配时调节交通流较差现状,采用 Synchro 信号配时优化软件对区域内各个主要信号交叉口进行配时优化和区域信号配时协调,利用 Paramics 进行了信号配时优化后的交通流仿真,结合微观排放模型对比优化前后区域排放总量的变化情况,并比较优化前后的交通延误情况。

第2章 城市道路排放测试试验研究

定量解析各种影响因素与机动车排放之间的关系，是提出并对比分析机动车排放控制策略的基础。在实际道路上进行车载排放测试试验，可以获取机动车行驶状态数据和排放数据，是研究机动车在实际道路行驶过程中瞬态排放的特征，并从微观上分析机动车运行状态、负荷对排放的影响规律，解析交通流特征对机动车排放的影响机制研究的基础工作。本章通过搭建车载排放测试试验平台，选择不同等级道路获取大量排放测试数据作为本章分析研究的基础。

2.1 试验平台搭建

车载排放测试系统的作用是记录车辆在实际道路行驶时的实时排放率。一般较为简易便携的五气分析仪，仅能实时给出机动车排放尾气中 CO、HC、NO_x、CO_2和O_2这五种气体的体积浓度，但是在数据分析与实际应用中，更关心的是污染物的质量排放速率，如何将实际测得的污染物的体积浓度转化为质量排放速率，是目前制约车载测试发展的关键问题之一。

本研究采用的车载排放测试仪器是美国 CATI 公司生产的 OEM-2100TM，它是由五气分析仪、发动机状态检测仪及电脑组成，如图 2-1 所示。五气分析仪用于获取尾气中 CO、HC、NO_x、CO_2和 O_2的体积百分比，同时发动机状态检测仪通过 OBD 连接到发动机上获得每秒的发动机转速、发动机温度及进气压力。该仪器的最大优点在于可以进行实时路况机动车排放数据采集，并得到尾气的瞬态质量排放率。仪器根据所测发动机参数数据计算尾气体积流量，并结合测得的尾气体积百分含量计算出瞬时质量流量。它的具体计算原理可用下式表达：

$$尾气浓度(g/L) \times 尾气流量(L/s) = 排放质量流量(g/s)$$

该仪器在 EPA 的国家燃料和汽车排放试验室通过了纽约环境保护部的测试，有较高的精度，与底盘测功机测得的数据相比，相关性系数 R^2可达 0.90 ~ 0.99。

通过道路试验，OEM-2100 得到的车辆实时排放和发动机工况数据，以文本格式存储于内置的存储卡中，GPS 得到的车辆运行数据，以文本格式存储于计算机中。文本格式的数据,不便于进行数据统计分析,所以就需要确定数据库的格式、数据的完善以及数据表格匹配,图 2-2 所示为试验数据处理过程。

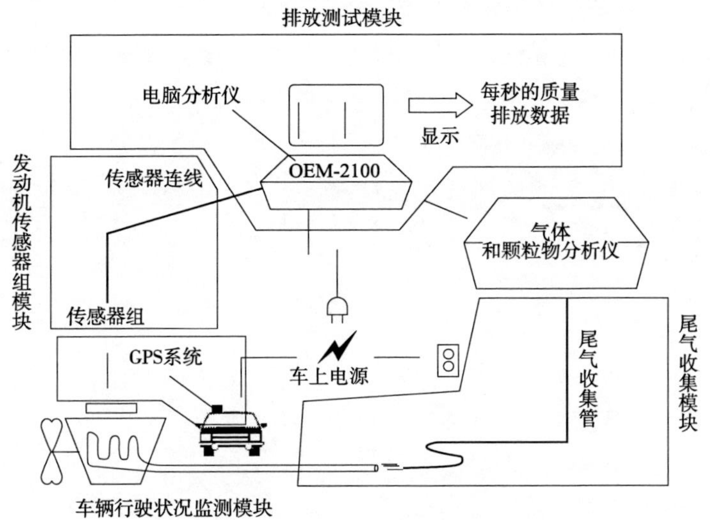

图 2-1　车载排放实时测量系统基本组成示意图

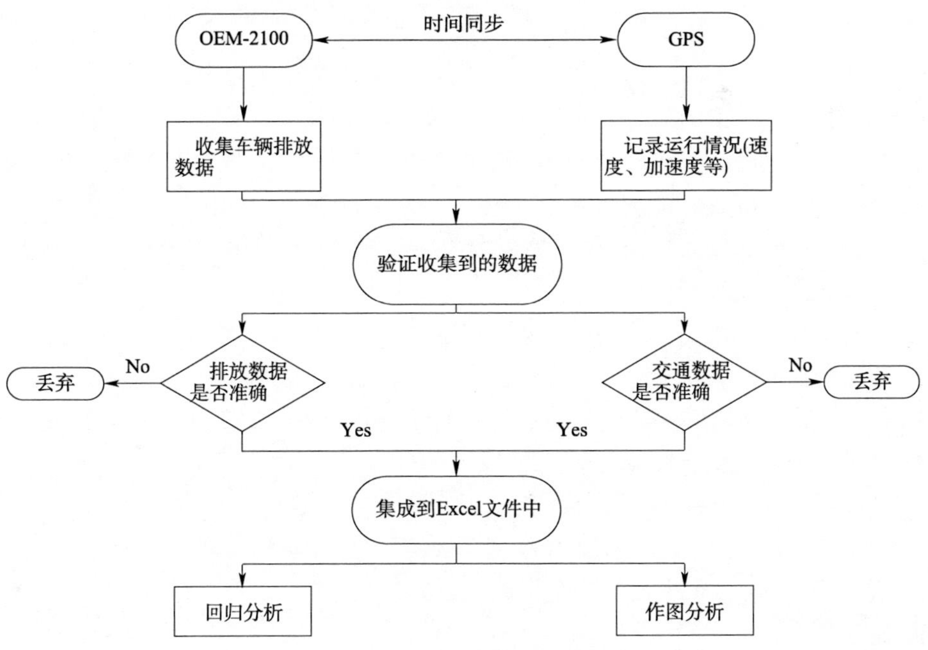

图 2-2　试验数据处理过程

通过试验时所记录的 OEM-2100 和 GPS 实时显示时间,并通过车速随发动机转速的变化关系,经过分析处理,最终得到了图 2-3 所示的 OEM-2100 与 GPS 数据一一对应的数据库,为后续的数据分析奠定了基础。

试验时间	质量排放率				机动车运行状态				
L	M	N	O	P	Q	R	S	T	U
time(hh:m	NOx[mg/s]	HC[mg/s]	CO[mg/s]	CO2[g/s]	eng(r/min)	speed(km/	acc(m/S²)	Distance(Tot	Dist(
16:14:54	0.08577	0.00979	0.1444	3.657795	1815	27.1	0.333333333	8	798.8
16:14:55	0.057735	0.008265	0.12162	3.02053	1499	28.3	0.111111111	8	806.9
16:14:56	0.049025	0.008325	0.098615	2.999205	1566	28.7	-0.055555556	8.3	815.2
16:14:57	0.058	0.00834	0.083415	2.976865	1647.5	28.5	0.222222222	8.2	823.3
16:14:58	0.07496	0.008785	0.09341	3.093765	1719	29.3	0.472222222	8.7	832.1
16:14:59	0.086275	0.009045	0.08277	3.12814	1790	31	0.388888889	9	841
16:15:00	0.09121	0.00909	0.080025	3.119635	1846.5	32.4	0.416666667	9.4	850.4
16:15:01	0.09439	0.009235	0.091105	3.191895	1896	33.9	0.361111111	9.9	860.3
16:15:02	0.09596	0.009505	0.09026	3.276725	1943	35.2	0.277777778	10.1	870.4
16:15:03	0.09639	0.00966	0.08547	3.3589	1985.5	36.2	0.277777778	10.5	880.8
16:15:04	0.069545	0.00715	0.07534	2.51656	2029.5	37.2	0.222222222	10.6	891.4
16:15:05	0.091035	0.010055	0.122315	3.55886	1892	38	0.25	11	902.4
16:15:06	0.04777	0.005975	0.08388	2.126625	1582.5	38.9	0.194444444	11.1	913.5
16:15:07	0.042525	0.0058	0.10004	2.07697	1562	39.6	-0.055555556	11.3	924.8
16:15:08	0.060415	0.00846	0.13635	3.0111	1572	39.4	0.111111111	11.3	936.1
16:15:09	0.061355	0.009325	0.07966	3.283865	1577	39.8	0.194444444	11.3	947.3

图 2-3　排放数据和运行状态数据对应的数据库格式

2.1.1　试验车辆选择

根据 2005 年国家环保总局制定的《城市机动车排放空气污染测算方法》(HJ/T 180—2005),规定了机动车的分类方法、城市机动车排放源的调查方法以及城市机动车空气污染的测算方法。适用于城市区域机动车污染物排放量和污染物空气浓度贡献及机动车排放分担率和浓度分担率的测算。本节将参照此标准进行区域排放试验和排放总量的计算。

根据机动车的最大总质量、排量、用途、发动机类型、采用的净化技术及排放特性对机动车进行类型划分如下。

1)轻型汽车

轻型汽车指最大总质量不超过 3.5t 的 M1 类、M2 类和 N1 类车辆。轻型车又根据排量细分为微型车:排量≤1L;轿车:乘员不超过 5 人的 M1 类车;出租车:所有排量;其他车:轻型车中除上述三种以外的所有车辆。

按 GB/T 15089—2001 规定:

M1 类车指包括驾驶人座位在内,座位数不超过九座的载客汽车。

M2 类车指包括驾驶人在内座位数超过九座,且最大设计总质量不超过 5000kg 的载客汽车。

N1 类车指最大设计总质量不超过 3500kg 的载货汽车。

2)中型汽车

中型汽车指最大总质量大于3.5t至8t之间的汽车，即3.5t < 最大总质量≤8t，包括载货汽车和载客汽车。

3)重型汽车

重型汽车指最大总质量大于8t的汽车，包括载货汽车和载客汽车。

据调查，在长春市的汽车保有量中，捷达和红旗车在轻型车中占有较高的比例，而中型车中金杯和长城也占有较高的比例。考虑到长春市在用汽车的运营比例，本试验选用了具有代表性的捷达、红旗、金杯海狮和长城哈弗四种车型，车辆技术数据见表2-1，这些试验用车按时参加年检，试验前也进行了排放测试，证明排放污染不超标，符合试验测试的要求，所得到的试验数据可以比较真实地反映在城市交通流中的机动车的排放污染状况。

试验车型及基本情况　　表2-1

车辆类型	车型	生产年份	行驶里程(km)	发动机排量(L)	燃油供给方式
轻型车	捷达 Gix	2001	42000	1.6	电喷
	红旗 CA7201	2004	35000	2.0	电喷
	捷达 Gix	2002	23000	1.6	电喷
中型车	海狮 锐驰	2002	28000	2.4	电喷
	海狮 锐驰	2006	20000	2.4	电喷
	哈弗 H3	2008	18000	2.4	电喷

在试验区域重型车为公交车一种，由于试验仪器功能模块只能测试轻型汽油车的排放数据，而公交车为柴油车，所以本试验没有将重型车设计在内，而是在排放比功率对应比功率区间分布时，参考国外相似研究的排放测试数据结合建立的比功率分区进行了计算。

2.1.2　试验路线选择

不同的研究目的决定选取不同的影响因素，考虑到研究的目的是为了获取不同交通流下机动车的瞬态排放情况，应充分考虑车辆、驾驶人、路线、时间等因素，试验时间选择了平峰期和高峰期，选择了有10年以上驾驶经验的驾驶人，在涵盖四种等级道路(表2-2)的三条环路上进行了车载排放测试试验，分别得到了普通道路及交叉口的机动车实时质量排放率及运行工况数据。

影响机动车排放的因素众多，其中机动车运行平均速度在国内外排放模型的研究中始终是一个重要的考虑因素，因此，在选择试验路线时充分考虑到了道路平均车速的影响,同时考虑城市规划设计的交通流量大小、车辆拥堵程度、早晚交通流量变化等因素。根据道路在城市道路系统中的地位、作用、交通功能以及对沿线建筑物的服务功能划分,选择了包括快速路、主干路、次干路、支路四种等级道路的三条环路(图 2-4 和图 2-5)作为试验路线。为能够全面反映出长春市的行驶工况,确定的三条试验环路中,一条以快速路和主干路为主,行车速度较快,存在较少的交通拥堵;另两条以次干路和支路为主,行车速度较慢,混合交通流情况较为严重。

道路等级划分及属性[62] 表 2-2

道路等级	功能	要求	设计车速(km/h)
快速路	为城市中大量、长距离、快速交通服务	中间设隔离带,具有四条以上机动车道	60 ~ 80
主干路	连接城市各主要分区的干路	机动车与非机动车分隔	30 ~ 60
次干路	承担主干路与各分区间的交通集散作用,兼有服务功能	无	20 ~ 50
支路	为次干路与街坊路的连接线,解决局部地区交通	无	20 ~ 40

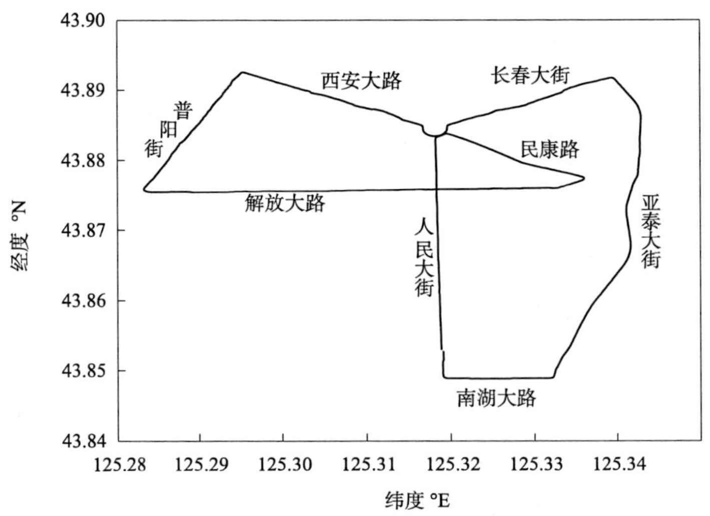

图 2-4 主干路为主的 GPS 试验路线图

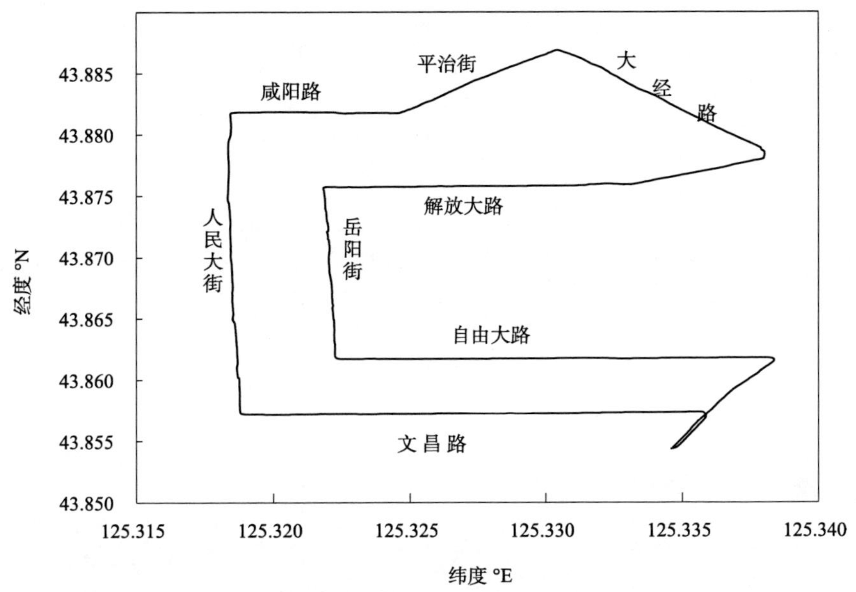

图 2-5　次干路和支路为主的 GPS 试验路线图

2.2　分等级道路行驶工况建立

行驶工况在世界范围内被环境科学研究及车辆试验等领域广泛的使用，我国不同地区和典型城市都有各自的“实际行驶工况”，这种工况的确定对研究具体地区或城市机动车运行情况有重要的指导意义。要建立不同等级道路实际的行驶工况，首先需要划分行驶片段、确定行驶片段的特征值等，最后才能得出不同道路的实际行驶工况。

2.2.1　划分行驶片段

行驶片段，又称行驶段，是指机动车从怠速开始，经历加速、减速又停止于怠速的一段采样点，如图 2-6 所示。

各种工况的判别准则为：采样点的速度和加速度均为零为怠速；采样点的加速度大于或等于正加速度阈值，一般取为 0.1m/s^2 为加速；采样点的加速度小于 -0.1m/s^2，定义为减速；采样点的加速度绝对值小于加速度阈值，且速度不为零，定义为匀速。以此为基础，对每个采样点的特征进行分类，分别加以统计计算。

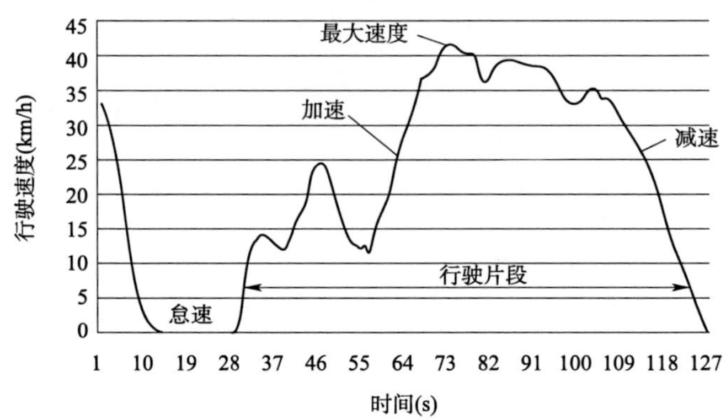

图 2-6　行驶片段及包含参数示意图

2.2.2　确定行驶片段特征值

定义行驶片段的参数众多,基于不同的目的,往往需要得到更具本专业代表性的行驶工况。由于本次的研究是基于排放,所以行驶工况的合成参数重点考虑对排放影响较大的因素,根据调查,行驶参数中对排放影响较大的是怠速比例、平均速度、平均运行速度,其次是加速度比例、平均加速度、平均减速度,然后才是其他参数。

在试验过程中,车辆的行驶速度可以通过 GPS 测得,但没有加速度的数据,可以通过秒间速度变化得到加速度值,即:

$$a_{i,i-1}=\frac{v_i-v_{i-1}}{t_i-t_{i-1}}\cdot\frac{1000}{3600}=\frac{v_i-v_{i-1}}{3.6}\quad(i=1,2,\cdots,k)$$

本节选择了描述行驶片段的 6 个参数、描述速度的 11 个参数以及描述加速度的 5 个参数,一共 22 个参数来定义行驶工况,见表 2-3。

描述行驶片段的特征值　　表 2-3

描述特征值	含　义	描述特征值	含　义
T(s)	行驶片段的平均运行时间	v_{max}(km/h)	最大速度
$P_{a(}$%)	行驶片段的加速时间比例	v_m(km/h)	平均速度
P_d(%)	行驶片段的减速时间比例	v_{mr}(km/h)	平均运行速度
P_c(%)	行驶片段的巡航时间比例	v_{sd}(km/h)	速度偏差
P_i(%)	行驶片段的怠速时间比例	a_{max}(m/s^2)	最大加速度
S(km)	行驶片段的平均运行距离	a_a(m/s^2)	平均加速度

续上表

描述特征值	含　义	描述特征值	含　义
a_{min}(m/s^2)	最小加速度	P_{20-30}(%)	速度在 20～30km/h 的速度比例
a_d(m/s^2)	平均减速度	P_{30-40}(%)	速度在 30～40km/h 的速度比例
a_{sd}(m/s^2)	加速度偏差	P_{40-50}(%)	速度在 40～50km/h 的速度比例
P_{0-10}(%)	速度在 0～10km/h 的速度比例	P_{50-60}(%)	速度在 50～60km/h 的速度比例
P_{10-20}(%)	速度在 10～20km/h 的速度比例	P_{60}(%)	速度大于 60km/h 的速度比例

2.3　分等级道路行驶特征分析

本节通过数据统计软件 SPSS 对特征值的分析和 MATLAB 进行数据的分段，最终得到了表 2-4 所示的分等级道路各自的描述特征值。这些特征值可以用来分析各等级道路的运行工况比例、各等级道路的速度区间分布、速度加速度的联合分布，并为行驶工况的合成提供参考标准，是一项基础性的工作。

各等级道路行驶工况特征值　　表 2-4

描述特征值	快速路	主干路	次干路	支　路
T(s)	150.5	130.9	93.3	85.1
P_a(%)	31.7	32	34	32.5
P_d(%)	29.3	32	33	32
P_c(%)	18.9	14.7	10.4	9.1
P_i(%)	20.1	21.3	22.6	26.4
S(km)	0.92	0.78	0.55	0.45
v_{max}(km/h)	69.4	65.4	52.6	44.4
v_m(km/h)	22.1	21.2	20.1	16.9
v_{mr}(km/h)	26.7	26.7	26.1	23
v_{sd}(km/h)	17.8	17.8	15	13.2

续上表

描述特征值	快 速 路	主 干 路	次 干 路	支　　路
a_{max} (m/s^2)	1.31	1.36	1.35	1.19
a_a (m/s^2)	0.47	0.44	0.47	0.52
a_{min} (m/s^2)	-1.47	-1.33	-1.33	-1.42
a_d (m/s^2)	-0.39	-0.39	-0.53	-0.47
a_{sd} (m/s^2)	0.42	0.47	0.50	0.56
P_{0-10} (%)	12.5	18.5	28.2	9.9
P_{10-20} (%)	11.4	9.3	17.7	16
P_{20-30} (%)	17.7	15.1	22.6	29.9
P_{30-40} (%)	21.6	19.6	21.6	15.0
P_{40-50} (%)	11.5	12.8	10.3	2.7
P_{50-60} (%)	2.6	2.5	0.6	0
P_{60} (%)	1.8	0.8	0	0

2.3.1　工况比例分析

在市区各等级道路行驶时,加减速比例都接近或超过了 30%;快速路匀速比例是 18.9%,主干路为 14.7%,而次干路和支路在 10% 左右,如图 2-7 所示;支路的怠速时间比例超过了 25%,其他等级道路的怠速时间比例也超过了 20%。结果表明市区各等级道路普遍存在加减速频繁而且匀速比例较低的情况,而且在各等级道路上都存在较多的怠速时间,快速路和主干路无法发挥其快速性的特点。

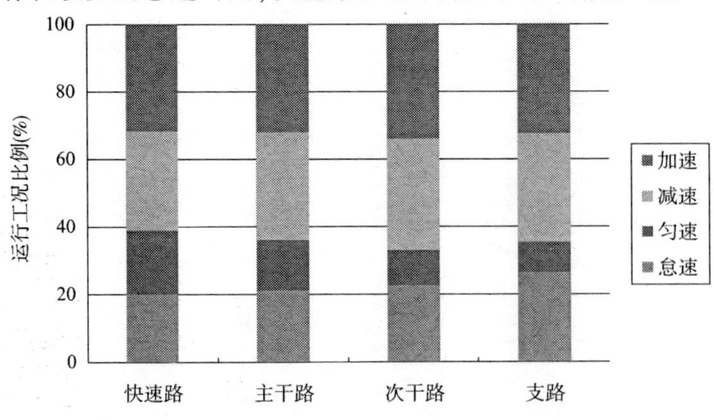

图 2-7　各等级道路运行工况比例

分析造成交通不顺畅的原因，除了车流量较大，与城市路网的规划和布局上不尽合理也有很大关系。长春市各城区之间没有形成合理的路网系统，主城区的路网为中心放射性路网结构，片区与片区之间、组团与组团之间联系不够紧密，人流、车流、物流都要经过市中心和组团中心地带，使交通流量分布不均及机动车绕行距离过长，造成中心区难以承受的车流压力，以城区为中心的向心交通加剧了交通供需矛盾。

交通拥挤甚至阻塞实质上是道路容量与道路质量、结构以及土地利用关系的失调。表现为主次干道、支路的布局及长度比例失调以及路网空间布局的失衡（如缺少片区之间的环形快速干道和主干道，集散路网系统等），从而引起中心区主干道车流密度逐年增大，交叉道路口车流量增大。带来的后果就是中心区道路交通的拥挤和堵塞，特别是高峰期更加严重，伴随的就是机动车排放污染物的增大，如何合理的组织交通流的运行，优化交通管控措施是在不改变现有交通设施的情况下优化道路环境的有效手段。

2.3.2　速度区间分布

在市区各等级道路行驶时，速度分布于0～70km/h之间，为了分析各等级道路的车辆运行情况，将速度划分为七个区间 P_{0-10}，P_{10-20}，P_{20-30}，P_{30-40}，P_{40-50}，P_{50-60}，P_{60}进行分析比较，各等级道路速度区间分布图如图2-8所示。

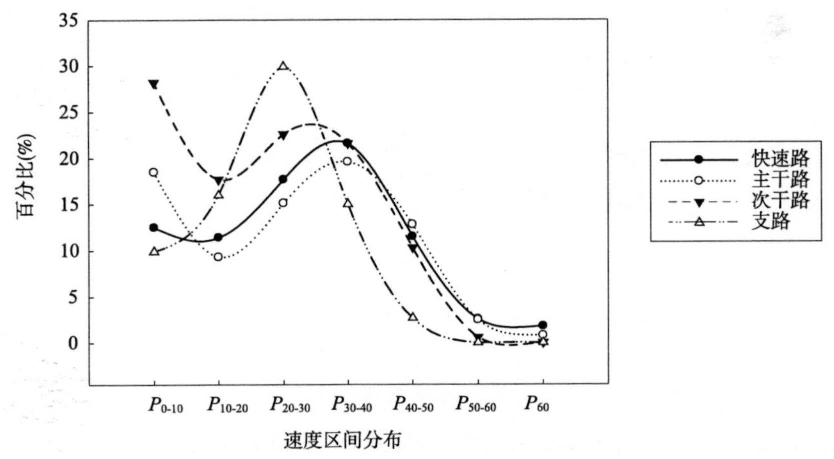

图2-8　各等级道路速度区间分布图

快速路和主干路集中于20～50km/h，次干路的车速集中于10～40km/h，支路的速度区间集中在10～30km/h；次干路的车速低于60km/h，支路的车速不超过

50km/h。

通过加速度和速度联合分布分析，快速路和次干路在20～40km/h速度区间内，加减速较为频繁；主干路在30～50km/h速度区间内，加减速较为频繁；支路的速度区间0～50km/h内，一直存在比较多的加减速情况。加减速导致发动机内混合气过浓或过稀，造成燃烧不充分，增加CO和HC的排放。

2.4 分等级道路排放特征分析

以道路实测数据为基础，结合分等级道路的行驶特征分析，以轻型车为例比较各等级道路的排放因子差异，从而分析机动车排放与道路等级的关系；并在各等级道路行驶工况下，比较速度对质量排放率的影响。

2.4.1 各等级道路排放因子比较

利用表2-4所得到的各等级道路行驶工况特征参数的值，按照试验数据库中行驶状态数据与排放数据的对应关系，计算得到了各等级道路轻型车排放因子，如图2-9所示。

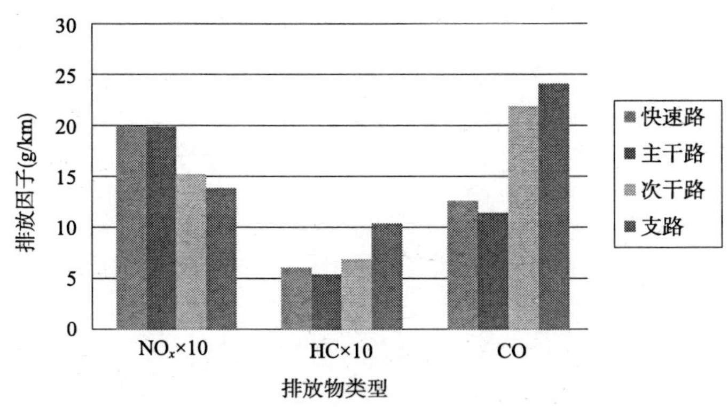

图2-9　各等级道路轻型车排放因子

轻型车排放对道路等级较为敏感，随着道路等级的变化三种排放物的排放因子变化明显。其中快速路和主干路排放因子相近；从主干路开始，HC排放因子随着道路等级的降低有着40%左右的增长；CO排放因子随着道路等级的降低有着显著的增长，从主干路到次干路和支路增长了一倍，反映了次干路和支路交通不畅，存在较多的加减速情况；NO_x排放因子由于与速度存在良好的正相关性，随着道路等级的降低有10%～30%的下降。

2.4.2 速度对质量排放率影响分析

在实际道路中车辆行驶速度对排放率的影响很大,本文对各等级道路行驶工况下的质量排放率进行对比研究,分析了车速与质量排放率之间的关系,道路实测得到的是单位为 g/s 的质量排放率,下面的研究结合各等级道路的速度情况,以单位为 g/km 来分析质量排放率。图 2-10 ~ 图 2-12 为车速与三种排放物质量排放率的关系图,图中选取了速度为 0 ~ 55km/h 区间内间隔为 5km/h 的质量排放率的平均值点。

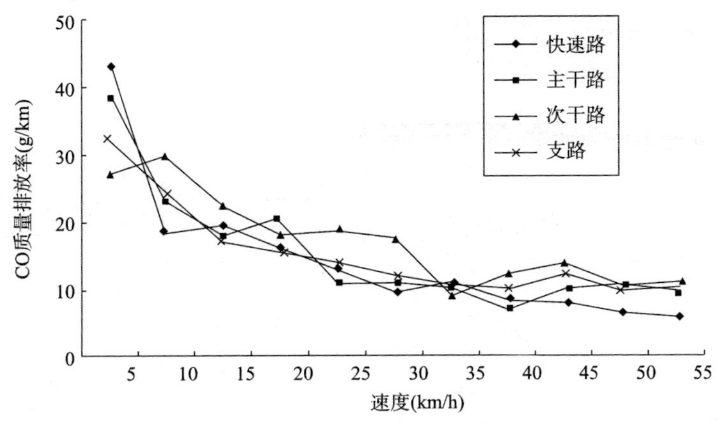

图 2-10　速度对 CO 质量排放率影响规律

三种排放污染物的质量排放率在各等级道路上随车速变化规律相近,NO_x 质量排放率在低速情况下较小,而随着车速的升高变大,其主要原因是在高速时发动机燃烧温度高创造了有利于 NO_x 生成的条件。HC 和 CO 质量排放率在 5 ~ 35km/h 区间内随着车速的增加保持较大幅度的减小,速度超过 35km/h 后,排放率有小幅度的增加。HC 和 CO 质量排放率在低速情况下较大,这是由于在低速时燃烧不充分造成的。随着速度的升高,在 5 ~ 35km/h 速度区间内,由于速度比较稳定,质量排放率一直降低;随着速度的升高,加减速情况增多,质量排放率又开始增高,这与低速情况下和加减速时 HC 和 CO 排放增加的结论一致。

试验结果表明,车速是影响汽车污染物排放的重要因素,当车速为 10 ~ 20km/h 时,HC 的排放量是车速为 30 ~ 40km/h 时的 1.7 倍,CO 的排放量是车速为 30 ~ 40km/h 时的 2.1 倍,怠速时汽车污染物排放量更高。因此,提高汽车行驶速度,避免频繁的加速、减速,减少汽车交叉口的排队时间,缩小怠速时间比例可以大幅度地降低汽车污染物排放量。

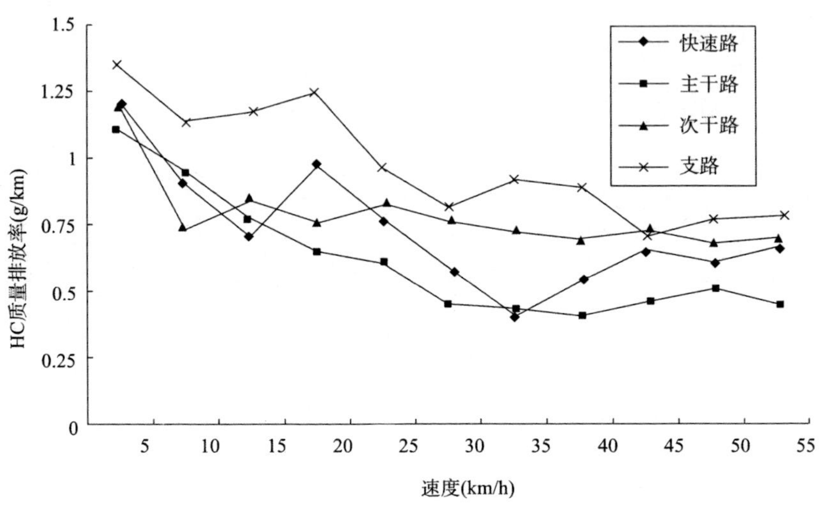

图 2-11 速度对 HC 质量排放率影响规律

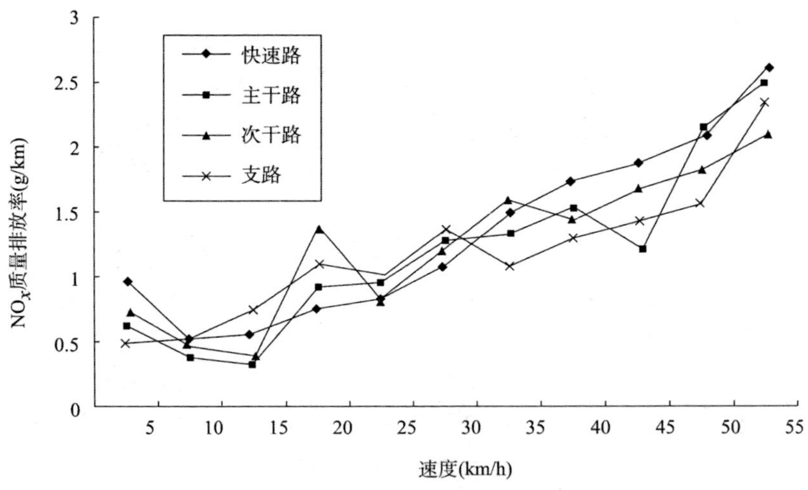

图 2-12 速度对 NO_x 质量排放率影响规律

2.5 不同运行模式下排放率分析

机动车在运行过程中,受到交通流、交通控制等各种外界因素的影响,会出现怠速、加速、减速及巡航四种运行工况模式,运行工况模式的不同会带来发动机工作状态的改变,进而影响排放污染物的产生。

2.5.1 运行工况分布特征分析

参照相关试验研究,采用车速和加速度定义了这四种工况:速度和加速度都为零时为怠速工况;当加速度大于 0.89m/s^2 或者加速度连续 3s 都大于 0.45m/s^2 时为加速工况;减速工况和加速工况设定相同,符号相反;其余为巡航工况。

车辆在不同交通流运行状态下的运行模式比例会有较大的不同,试验选择了平峰期和高峰期。

在市区道路平峰期行驶时,加减速工况各占 15% 左右,巡航所占比例为 45% 左右,怠速基本保持在 25% 左右。而在高峰期行驶时,加减速比例与平峰期比较接近,但怠速比例明显增加,巡航比例明显减少,这与高峰期车流量增加带来了交叉口区域机动车排队现象的增加有直接的关系。

2.5.2 不同运行工况模式下排放特征分析

以车载排放测试数据为基础,结合不同运行工况模式的划分,计算得到了加速工况下的排放值要明显高于其他运行工况模式的排放值,而巡航工况次之,其次是减速和怠速。其中加速工况下的 NO_x 质量排放率是怠速时的 30 倍左右,HC 和 CO 分别是怠速时的 3 倍和 10 倍左右,怠速工况和减速工况排放值相差不大。

分析其原因,在不考虑三元催化器净化特性的情况下,车辆加速工况下汽缸内混合气浓度的增加造成了高排放值的产生,影响混合气浓度的因素可以从曲轴转速和节气门开度的变化两个方面来考虑。曲轴转速的变化会影响汽缸内混合气的形成和充气,加速过程主要改变了缸内混合气浓度的均匀性,使局部混合气浓度偏离了稳定工况时的混合气浓度;同时在加速过程中,节气门快速开启对进气歧管中的混合气流动过程产生强烈的影响,进入汽缸的气体温度和压力将以更快的速度变化,气流紊乱程度加强。在怠速和减速工况模式下,由于节气门同处于关闭状态,所以排放值相差不大。

不同运行工况模式下排放差异的根源在于机动车运行的速度和加速度存在差别,从而导致发动机工作状态的不同,进而带来排放污染物排放量的差异,以下具体分析机动车运行速度、加速度对排放率的影响。

2.6 速度、加速度对排放率的影响

机动车在运行过程中速度和加速度的改变会影响发动机的工作状态,如发动

机温度、缸内燃烧温度等,进而带来三种排放污染物质量排放率的变化。

2.6.1 速度对三种排放污染物质量排放率的影响

由试验所得数据,以速度 1km/h 为间隔,分别计算得到了车速为 0 ~ 50km/h 之间 51 个速度点的三种排放污染物质量排放率的平均值,并绘制了图 2-13 所示的三种排放污染物质量排放率随速度的变化关系曲线。

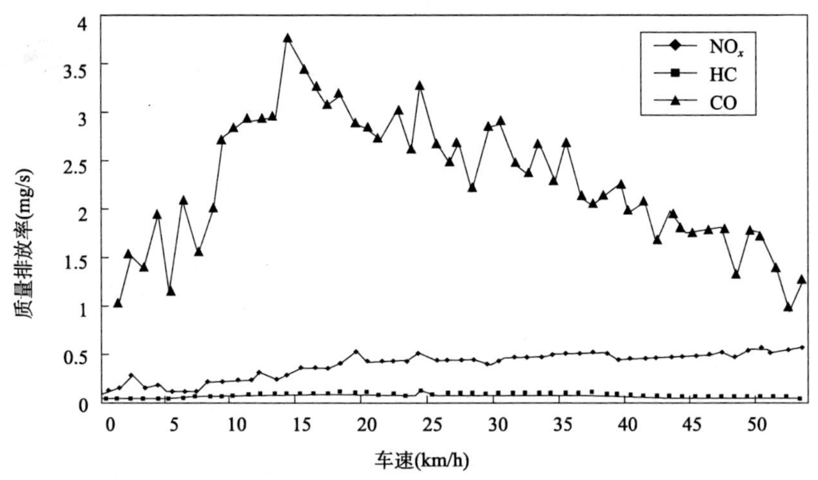

图 2-13 NO_x、HC 和 CO 排放率随速度变化规律

由图 2-13 可以看出,NO_x 质量排放率随速度增加有逐渐增加趋势,原因在于汽车高速行驶时,发动机节气门开度大,缸内燃烧温度急剧升高,NO_x 排放也随之升高;HC 与 CO 质量排放率随速度的增加先增加,当速度达到一定值时又逐渐下降,原因在于速度较高时,汽缸内混合气的扰流混合、涡流扩散及排气扰流、混合程度的增加改善了汽缸内的燃烧过程、促进了激冷层的后氧化,后者则促进了排气管内的氧化反应。

由试验数据计算得到了不同速度区间内 NO_x、HC 和 CO 的平均质量排放率值。计算结果见表 2-5。

不同速度区间下三种污染物的质量排放率　　表 2-5

速度(km/h)	NO_x 排放率(mg/s)	HC 排放率(mg/s)	CO 排放率(mg/s)
0 ~ 10	0.17	0.05	1.62
10 ~ 20	0.33	0.08	3.11
20 ~ 30	0.44	0.09	2.74

续上表

速度(km/h)	NO_x 排放率(mg/s)	HC 排放率(mg/s)	CO 排放率(mg/s)
30~40	0.49	0.08	2.39
40~50	0.48	0.06	1.79
50 以上	0.55	0.05	1.33

2.6.2　加速度对三种排放污染物质量排放率的影响

为了分析加速度对三种排放污染物质量排放率的影响，将加速度分为小于 $-2m/s^2$、$-2\sim-1m/s^2$、$-1\sim0m/s^2$、$0\sim1m/s^2$、$1\sim2m/s^2$ 以及大于 $2m/s^2$ 六个区间范围。计算得到了每个区间范围内三种排放污染物的平均质量排放率值。

可以看出随加速度增加，NO_x 质量排放率有先减小后增加趋势，在加速度大于 $-2m/s^2$ 之后随加速度的增加而增加；HC 质量排放率随加速度增加线性增加，CO 质量排放率随加速度的增加先增加后减小，在加速度大于 $1m/s^2$ 之后随加速度的增加略有减小。

表明随着机动车加速度的增加，汽缸内混合气浓度的均匀性受到破坏，其燃烧状态相对于稳态工况被破坏，所以在加速过程中，车辆排放物浓度出现突变，发动机节气门开度大，缸内燃烧温度急剧升高，NO_x 排放因此随之升高。而随着加速时燃油泵喷油量的增加，混合气浓度也增大，导致排气中 CO 和 HC 的浓度增加，由于油膜表面二次油滴的形成也使得混合气变浓从而导致 CO 浓度的增加。

2.7　速度和加速度联合分布的排放差异

机动车在实际道路行驶时，速度和加速度同时影响机动车三种排放污染物的产生。本节将速度以 10km/h 间隔划分区间，加速度以 $0.5m/s^2$ 间隔划分区间，分析不同速度区间和加速度区间联合分布的三种排放污染物质量排放率的差异。

2.7.1　速度加速度联合分布下的 NO_x 排放特征

由图 2-14 规律可以看出，在加速度范围不同的情况下，NO_x 质量排放率随车速增加表现出了一致的增加的趋势；而在车速一定的情况下，较大的加速度会带来 NO_x 质量排放率的显著增加。

在车速超过 10km/h，而加速度大于 $1.5m/s^2$，此时 NO_x 质量排放率要明显高于其他加速度范围的排放。这是由于汽车在高速加速行驶时，发动机节气门开度大,缸内燃烧温度急剧升高,NO_x 排放也随之升高。而在机动车车速较低时所对应的 NO_x 质量排放率明显小于车速较高时,因此,机动车运行车速高和大的加速度是造成 NO_x 排放量增加的主要原因。

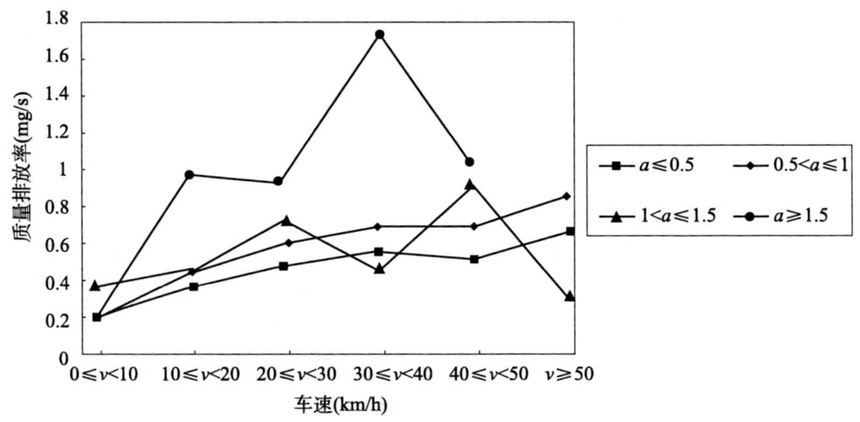

图 2-14　速度加速度对 NO_x 质量排放率的影响

2.7.2　速度加速度联合分布下的 HC 排放特征

由图 2-15 规律可知,在加速度范围不同的情况下,随着速度增加,HC 质量排放率同时呈现先增加后减少的趋势;而在机动车运行车速相同时,不同加速度下的排放值相差不大,这与 2.6.2 节加速度对排放影响分析结论一致。

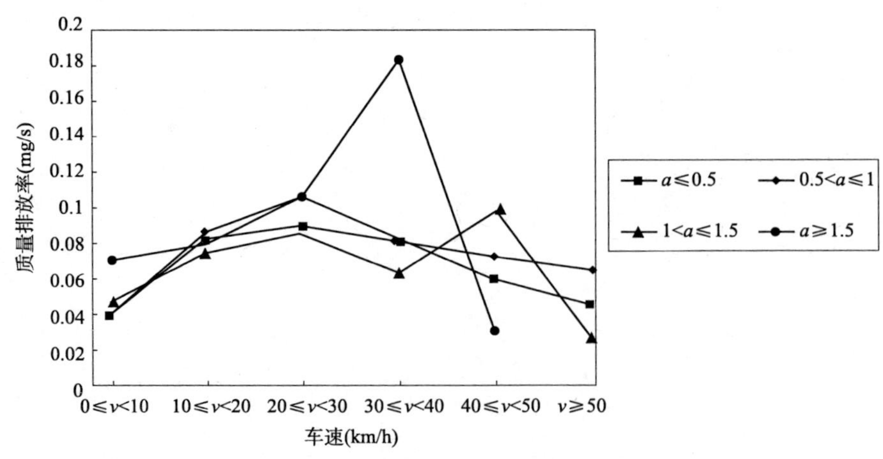

图 2-15　速度加速度对 HC 质量排放率的影响

在车速位于 10 ~ 50km/h 范围内,HC 的质量排放率比较稳定,大部分处于 0.06 ~ 0.1mg/s 范围;而当行驶车速在 30 ~ 40km/h 范围内,加速度大于 1.5m/s^2 时,HC 质量排放率为最高值 0.18mg/s。结果表明,车速是影响 HC 排放的主要因素,中速时大的加速度造成不完全燃烧的加剧会造成高排放值的产生。

2.7.3 速度加速度联合分布下的 CO 排放特征

由图 2-16 规律可知,在加速度范围不同的情况下,随速度增加,CO 质量排放率同时呈现先增加后减少的趋势;而在机动车运行车速相同时,加速度大于 1m/s^2 的高加速度值下 CO 质量排放率要明显高于低的加速度值的情况。

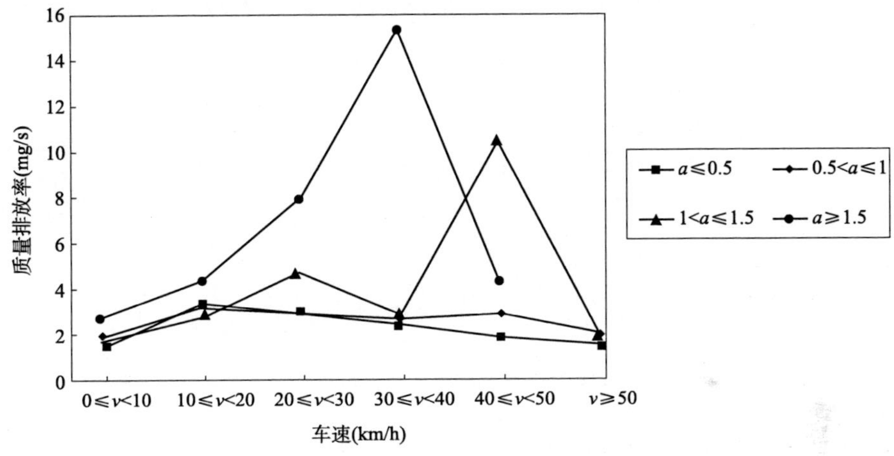

图 2-16　速度加速度对 CO 质量排放率的影响

当加速度小于或等于 1m/s^2 时,不同车速和加速度值时 CO 质量排放率变化不大;在加速度大于 1m/s^2,车速处于 20 ~ 50km/h 范围内,此时 CO 质量排放率处于较高值。结果表明大的加速度会带来的混合气浓度增加,从而造成的缸内混合气不完全燃烧严重是造成 CO 高排放的主要原因。

综合来说,轻型车在城市道路中车速为 30 ~ 50km/h 范围内中速行驶,加速度小于 0.5m/s^2,会减少高加速度情况下不完全燃烧以及汽缸内高的燃烧温度的情形,从而改善轻型车的排放性能。

2.8 小结

选择城市道路轻型车作为研究对象,通过搭建车载排放测试试验平台,进行实际道路排放测试试验,获取了机动车质量排放数据与行驶工况数据对应的数据库,分析了机动车在不同运行模式下的排放差异,以及运行车速、加速度对排放的影响,并分析了车速及加速度联合分布下的机动车排放状况。结论如下:

(1)机动车在平峰期和高峰期行驶会带来机动车运行工况比例的差异,不同运行工况下机动车排放差异明显,其中加速模式下的排放要明显高于其他运行模式的排放值,而巡航模式次之,其次是减速和怠速。

(2)随着机动车运行速度的增加,NO_x 的质量排放率不断增加,HC 和 CO 是先增长后减小的趋势;随着加速度的增加,三种排放污染物的质量排放率有增有减,整体呈现不断增加的趋势。

(3)综合考虑速度和加速度,轻型车的行驶速度控制在 30~50km/h 范围内中速行驶,加速度控制在小于 0.5m/s^2范围内时,可达到最佳的排放性能。

第3章　基于比功率的微观排放模型建立

在获取的机动车实时排放数据基础上，针对传统的排放模型存在的问题（大多是对排放因子参数修正，存在准确性不足以及难以与交通仿真模型结合来准确量化区域排放的缺点），本章采用了涵盖机动车速度、加速度以及道路坡度的比功率进行建模，建立了三种车型基于比功率的微观排放模型，为通过微观排放模型与交通仿真模型结合来准确量化区域排放总量，并评价不同交通控制策略对排放的影响奠定了基础。

3.1　比功率分析

以MOBILE、EMFAC为代表的平均排放因子模型尽管考虑到了机动车参数、运行状况、道路条件、环境因素等对机动车排放的影响，但作为对机动车排放产生关系密切的机动车的输出功率并没有考虑，因此，在量化排放总量时会产生很大的不准确性。目前在美国开发的新一代的排放模型MOVES及发展中国家排放模型IVE中都将比功率作为排放因子计算的工具，与基于平均速度的宏观排放模型相比，具有较高的时间分辨率，可以更加准确地反映城市机动车的污染时变特征，其排放模式计算如图3-1所示。

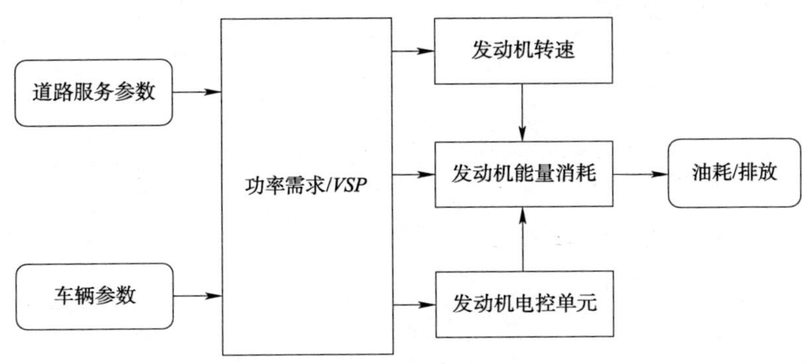

图3-1　从功率需求*VSP*考虑的车辆排放模式示意图

3.1.1 比功率公式表达

在机动车行驶过程中,由于受到道路环境和交通流的影响,会产生机动车自身行驶状态的变化,从而引起车辆功率需求变化,进而导致发动机油耗和排放的变化。为了准确地描述功率需求随车辆行驶状态的变化,麻省理工学院的 José 提出了机动车比功率(Vehicle Specific Power,VSP)这一概念,它包含了驾驶条件(Driving Condition)对机动车排放的影响。这里所指的驾驶条件包括:①怠速、加速、减速、匀速在整个行程中的时间比;②整个行程的平均速度;③机动车的类型;④驾驶人的驾驶方式。

机动车的比功率(*VSP*)即单位质量机动车的瞬时功率,它的单位为 kW/t 或者 m^2/s^3,它表示发动机克服车轮旋转阻力(F_r)、空气动力学阻力(F_a)做功以及增加机动车的动能(*EK*)和势能(*PE*)所需要输出的功率和因内摩擦阻力(Finternal friction)造成的传动系统的机械损失功率,如图 3-2 所示。

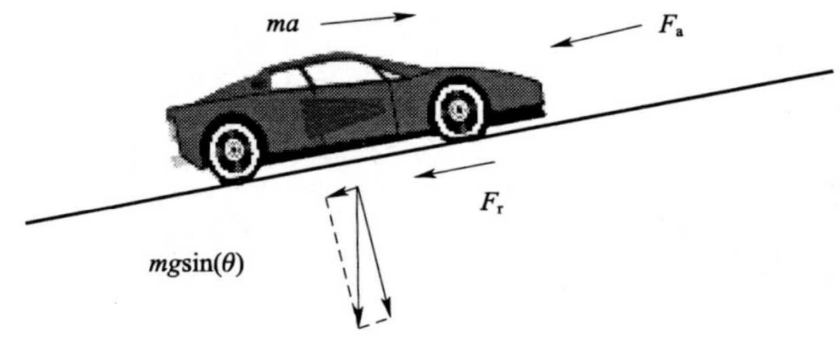

图 3-2 车辆比功率表达示意图

其数值与速度和加速度有关,数学表达式为(Jose,1999a):

$$VSP=\frac{\frac{\mathrm{d}(EK+PE)}{\mathrm{d}t}+F_r v+F_a v+F_i v}{m}$$

$$=\frac{\frac{\mathrm{d}}{\mathrm{d}t}[0.5\times m(1+\varepsilon_i)v^2+mgh]+C_R mgv+0.5\times\rho_a C_D A\ (v+v_m)^2 v+C_i mgv}{m}$$

$$=v[a(1+\varepsilon_i)+g\times\sin\theta+g\times C_R]+0.5\times\rho_a\frac{C_D A}{m}(v+v_m)^2 v+C_i gv \tag{3-1}$$

式中:v——车辆行驶速度,m/s;

m——车辆质量,kg;

a——车辆行驶瞬时加速度,m/s^2;

ε_i——质量因子,无量纲;

h——车辆行驶时所处位置的海拔，m；

θ——道路坡度；

g——重力加速度，取为 9.81m/s^2；

C_D——风阻系数，无量纲；

C_R——滚动阻力系数（无量纲），与路面材料与轮胎类型有关，本书取 0.0135；

F_r——滚动阻力；

F_a——空气阻力；

F_i——坡度阻力；

A——车辆挡风面积，m^2；

ρ_a——环境空气密度，在 20℃时为 1.207kg/m^3；

v_m——风速，m/s；

C_i——内摩擦阻力系数（无量纲），忽略不计。

进一步整理简化，便可以得到 VSP 最终的计算公式。

José 计算的比功率公式为：

$$VSP = v[1.1a + 9.8(as) + 0.132] + 0.000302v^3 \tag{3-2}$$

$s = \tan(\sin\theta)$ 为梯度（无量纲），实际计算中为机动车抬升高度/斜坡长度。试验所得到的数据在 Excel 表格内可直接套用编辑好的公式，从而计算出实时各秒的比功率。

3.1.2　比功率优势分析

仅用平均速度排放模型来得到的排放因子有一定的局限性，通过平均速度排放模型计算会得到这样的结果：假设一辆车半程时间速度为 60km/h，另一半时间怠速，与平均速度 30km/h 驶完全程所得到的排放因子是相同的。但是一辆车相同的平均速度有可能对应不同的比功率分布和排放值，因此，在排放计算时往往不够准确。

另外驾驶条件对机动车排放影响很大，但难于定量分析。在进行基于不同方法，例如隧道试验、遥感测试、测功机试验和排放模型计算时难于进行结果的对比。再比如利用相同的方法进行不同的研究时，也存在同样的问题。目前研究驾驶条件对机动车排放影响的通用方法是将排放与平均速度进行关系研究。但韦伯等研究表明由于车辆速度在每秒的范围只有很小的差别，同一辆车相同的速度时排放会有很大的差别。道路等级被认为影响排放的重要因素，但当前的排放总量计算模型没有进行考虑。

比功率有三个优势：利用实时路况车载排放测试结果，模型中包含了影响机动车排放的驾驶情况，三种排放污染物（CO、HC 和 NO_x）与比功率之间的关系比其他常规的参数关系更为密切，例如速度、加速度、功率，或者燃油消耗率；利用 *VSP* 可以作为基本的标准来对比其他定量分析方式的准确性，例如遥感测试和底盘测功机测试；可以为选择不同的交通流状态来验证排放模型的准确性，并为排放模型与交通仿真模型的结合来优化交通控制策略提供理论支持。

与传统的平均速度排放模型（如 EMFAC、MOBILE 等）相比，避免了仅有平均速度来修正模型参数得到修正后的排放因子无法反映相同平均速度下比功率差异带来的排放差异，从而避免了类似排放模型出现的排放总量低估的情况，而且可以依此与交通需求模型结合，来比较不同交通控制策略带来的机动车比功率变化，从而比较排放优化的效果。

3.2 排放污染物随比功率变化关系

为了分析机动车排放污染物随比功率的变化关系，首先选取一段试验路线记录的机动车排放实时测试数据及行驶特征数据，分析了三种排放污染物变化与比功率的关系；然后通过对试验数据处理，得到 −20 ~ 20kW/t 比功率范围机动车质量排放率的变化趋势；在此基础上，将比功率进行分区，可以更简便的区分不同比功率的机动车质量排放率，并便于与交通仿真模型耦合计算排放量。

3.2.1 实际道路瞬态排放特征分析

以机动车一次出行得到的试验数据为例，将实时测得的机动车运行速度、三种污染物的质量排放率与计算得到的比功率以时间序列对应如图 3-3 所示，可以直观地反映机动车三种污染物质量排放率随比功率及速度的变化关系。

其中，NO_x 的排放与速度存在良好的相关性，随着速度的提高机动车的 NO_x 质量排放率明显升高，而 CO、HC 的质量排放率也有着类似的规律。在机动车实际行驶过程中，由于存在加速和减速的情形，比功率也存在正负，整个行程的曲线规律可以看出，在比功率为负值时，机动车的瞬态排放率要远小于机动车比功率为正值时，三种排放污染物达到峰值都出现在比功率上升到最大值的时候，整个行程机动车排放污染物随机动车比功率的变化趋势相比与速度更为接近。

分析原因，机动车排放污染物形成于燃油在燃烧室内的燃烧，其中 CO 和 HC 是在供氧不足情况下，燃料燃烧不完全的产物，NO_x 受到燃烧室温度、滞留时间和氧的浓度三者的影响，在机动车高速运行时，容易具备三个条件，对应着 NO_x 的高排放。在比功率为负值时，对应着机动车的减速情况，CO 和 HC 质量排放率较低，在比功率较高时代表比较高的速度和加速度,符合三种污染物产生的条件,对应着排放污染物的峰值,反映出机动车三种污染物质量排放率与比功率符合很高的相关关系。

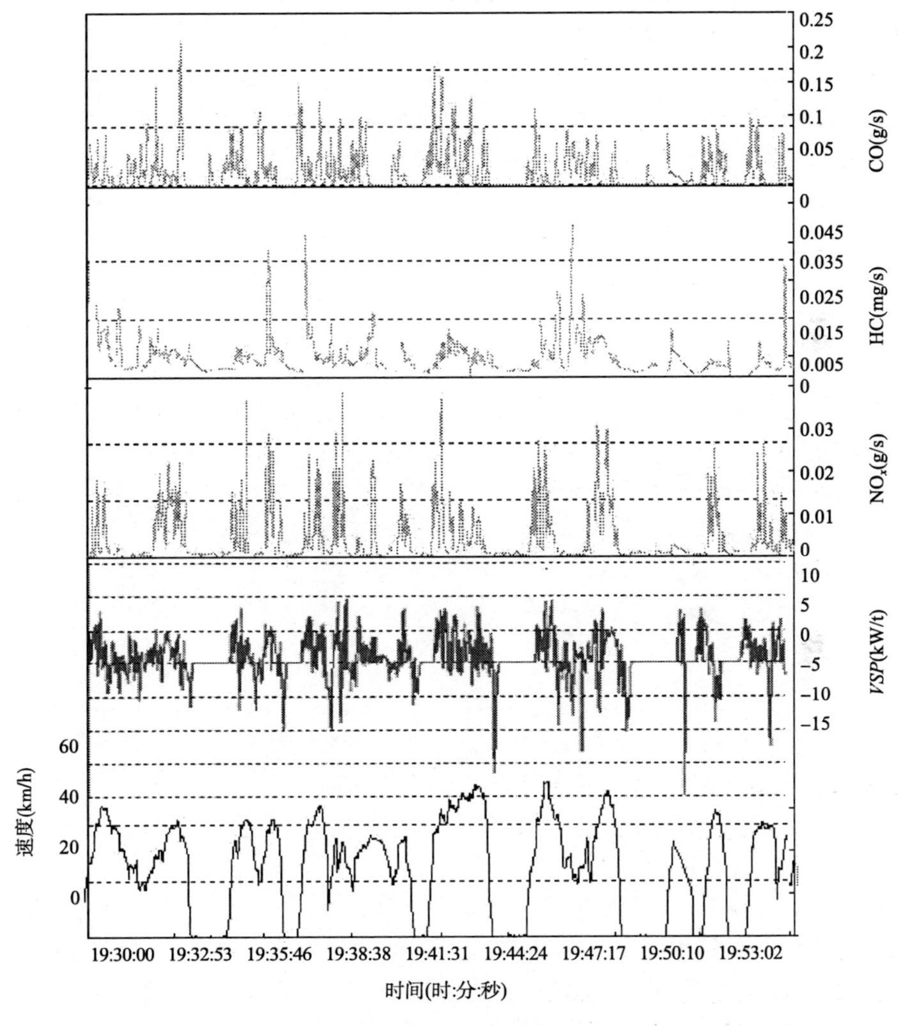

图 3-3 速度与 *VSP* 及排放瞬态数据图

3.2.2 质量排放率随比功率的变化关系分析

将车载排放测试试验得到的机动车的速度、加速度和道路坡度的数据代入式(3-1),计算得到逐秒的比功率以及对应的三种污染物的质量排放率,绘制了图3-4～图3-6所示的轻型车及中型车三种污染物质量排放率随比功率变化规律图。从三个图可以看出,两种类型车辆三种排放污染物随机动车比功率的变化符合相同的规律,随着比功率的增加基本呈单调升高的趋势,HC和CO在比功率为零时出现高于两侧比功率的排放值。分析原因,比功率为零时对应着机动车速度为零的情况,由于燃油燃烧不充分并存在较多的加速情况,因此,产生较多的燃油燃烧不充分情况,产生较高的瞬态排放值。当比功率趋向于较高的值时,空燃比降低,从而出现浓混合气,产生高的质量排放率。

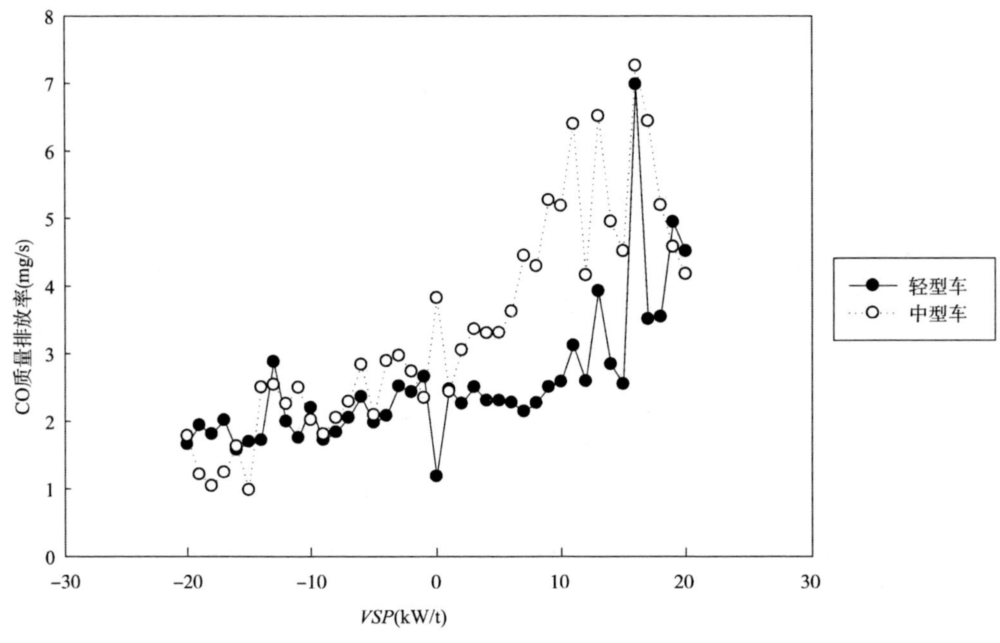

图3-4　轻型车及中型车CO质量排放率随比功率变化关系

从图3-5可以看出,HC的质量排放率在比功率-20～-1kW/t范围内增长较为缓慢,最高值与最低值相差0.2mg/s左右,但在5～20kW/t范围内增长比较迅速,以轻型车为例,在比功率为19kW/t时的排放率要高出6kW/t时的排放率0.4mg/s左右,表明在机动车匀速或加速行驶时,机动车的HC的排放随速度和加速度增加增长明显;CO的质量排放率随比功率变化,两种车型呈现了一致的正向增长的规律,但轻型车的增长速度在-20～20kW/t一直较为缓慢,而且在比功率为零时出现了最低点;在高于10kW/t的比功率范围内,CO质量排放增长迅速,由于高比功率值对应着浓混合气状态，出现了大幅度的上升；NO_x的质量排放率与比功率相关性优于HC和CO，随着比功率的上升基本呈现单调增加的趋势，这与高比功率随着速度增加而增加的规律一致。

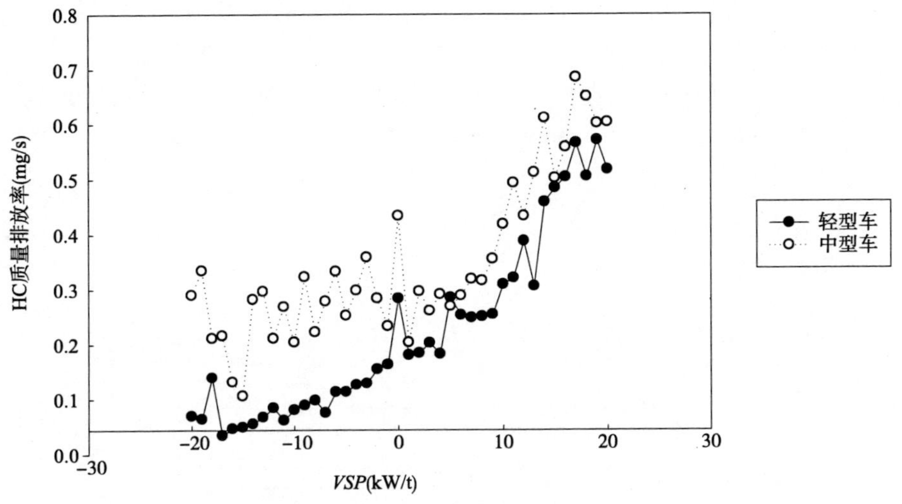

图3-5　轻型车及中型车HC质量排放率随比功率变化关系

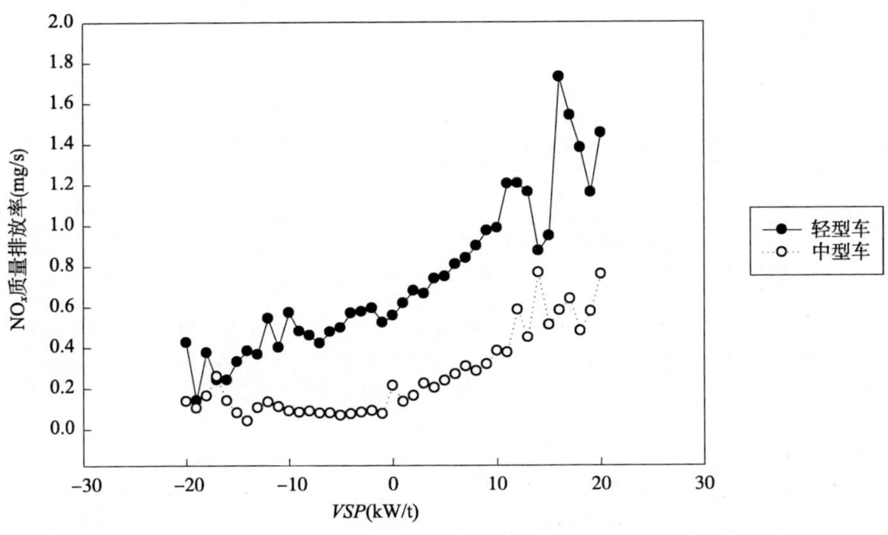

图3-6　轻型车及中型车NO_x质量排放率随比功率变化关系

3.2.3 比功率分区

不同研究出于不同的目的,在将比功率进行分区时采用不同的区间数量和比功率间隔,例如有的研究将比功率以4kW/t均匀间隔来将每个区间的逐秒排放速率取平均值来计算比功率分区下的瞬态排放值,来解析轻型车在主干路、快速路、次干路上行驶时的油耗以及CO、HC、NO_x的瞬态排放与比功率的关系。

本书将车载排放测试的数据作为研究的基础,在-30~30kW/t比功率范围内将比功率进行分区。为了更准确地描述机动车的运动状态,结合机动车排放污染物随比功率的变化规律,便于预测计算以及和仿真模型相互融合,将比功率分为了十个区,如图3-7所示,分区考虑了两个原则:

(1)相邻两个分区之间的排放污染物的值存在较大差异,便于区分不同比功率分区,以及进行相关的计算。

(2)比功率分区数量较多,可以减小每个比功率分区的数值标准差。

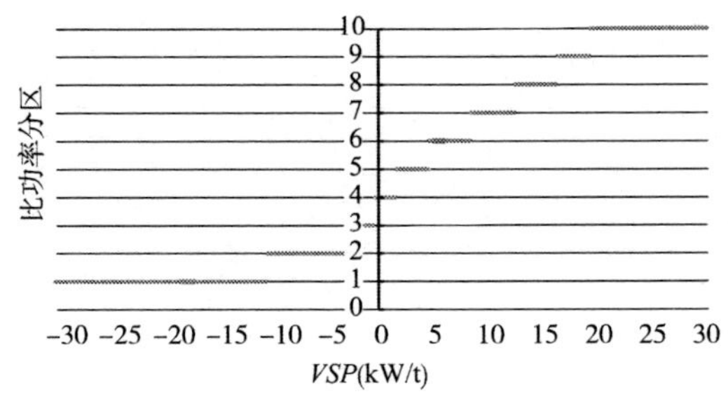

图3-7 在比功率区间内进行的分区

3.3 基于比功率的轻型车微观排放模型

通过3.2.1节的车辆瞬态排放特征分析以及3.2.2节排放污染物质量排放率随比功率变化关系分析,可以得到机动车瞬态排放是与车辆的比功率存在很高的相关性。这种规律性分别在车辆的特定工况下有不同的表现而且非常明显,在试验得到的大量实测数据的基础上,分别分析轻型车比功率的分布,以及三种排放污染物随比功率的变化关系,进而得到不同比功率分区下的轻型车排放速率。

3.3.1 各分区的轻型车排放规律

试验轻型车辆在所有行程中的比功率在-30~30kW/t区间内的频率分布如图3-8所示。

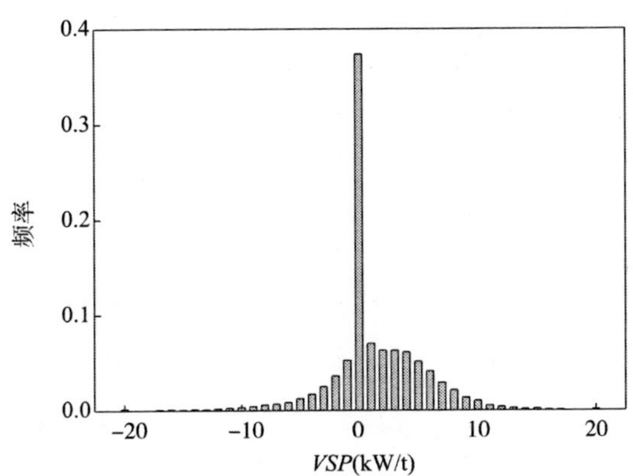

图 3-8　轻型车比功率分布频率图

如图 3-8 所示，比功率在 −10 ~ 10kW/t 区间内出现频率较高，在 −3 ~ 7kW/t 区间出现的频率为 84%，比功率为零的出现频率为 37.3%，表现出的规律反映出几个特点：

(1) 比功率区间比较集中，−3 ~ 7kW/t 比功率区间是驾驶人正常驾驶所反映的比功率值，也是在轻型车行驶过程中产生大多数排放的区间。

(2) 在集中的比功率区间范围内，加速度的区间一般处于 −1 ~ $1m/s^2$，速度的范围集中于 −5 ~ 5m/s 区间范围内，表现为机动车在行驶过程中速度较低，而且不存在急加速和急减速的情况。

(3) 通过比功率计算公式所表现得各参数之间的关系可以得出：速度为恒正量，但比功率为负值时，加速度必定为 $-0.012m/s^2$ 以下的值，因此大部分负值比功率都对应着机动车处于减速工况。

(4) 比功率在大于零的区间内如果数值越大，机动车越易存在急加速的情况，而高的比功率往往对应着机动车的排放热点区域，因此从排放控制的角度，应该降低高 *VSP* 出现的频率，也就是从交通控制等角度来减少驾驶过程中急加速情况的产生，通过改善驾驶条件来优化机动车排放是改善交通环境质量的有效手段。

轻型车不同比功率分区下三种排放污染物质量排放率的变化趋势如图 3-9 ~ 图 3-11 所示。

通过图 3-9 ~ 图 3-11 可以看出，除了 HC 和 CO 的排放速率中间比功率区间出现波动，轻型车三种排放污染物随着机动车比功率分区的增加基本上呈单调增加的趋势，这是由于在速度为零的时候存在更多的加减速造成的，这与道路试验的结论一致，三种排放污染物最大的排放率值均出现在比功率分区 9 或 10。通过表 3-1 中三种排放污染物质量排放率与比功率区间的线性回归可以看到，在回归时比功率分区与排放污染物存在良好的线性相关性，并呈现了单调增加的趋势，而且随着比功率分区的增加单调增加的快慢依次是 CO、NO_x 和 HC。根据测试结果发现，三种污染物的瞬态排放速率随着功率需求大小即比功率大小呈现较规律的增长趋势，不同污染物的排放率对比功率变化敏感程度有差异，在对不同比功率分区的排放速率进行比较时也表现以下特点。

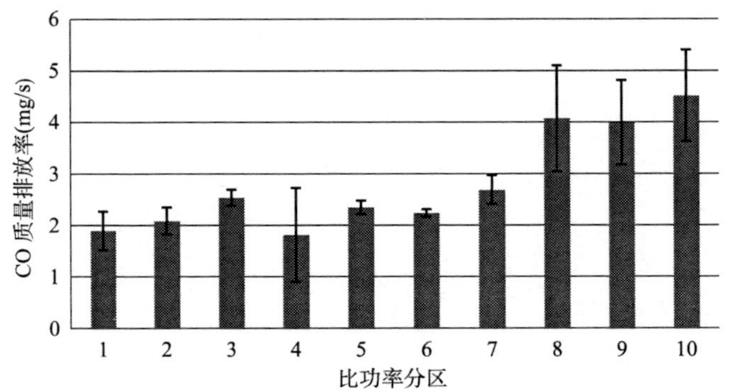

图 3-9　不同比功率分区下 CO 质量排放率的变化趋势

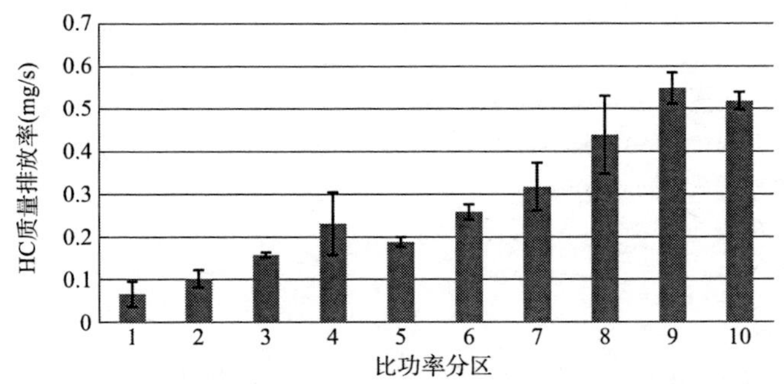

图 3-10　不同比功率分区下 HC 质量排放率的变化趋势

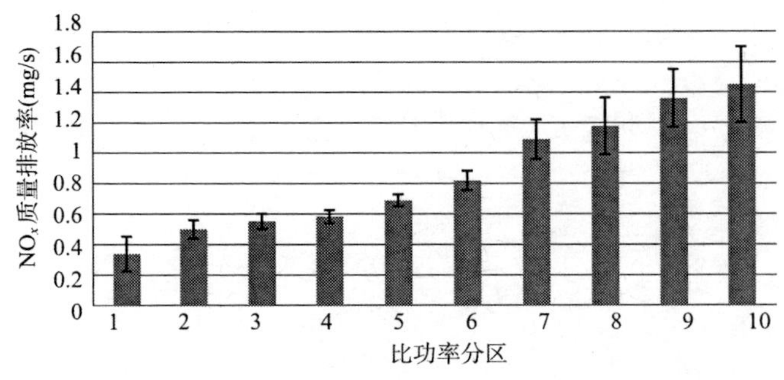

图 3-11　不同比功率分区下 NO_x 质量排放率的变化趋势

不同比功率分区与三种污染物质量排放率之间关系　　表 3-1

因素 / 排放污染物	VSP_{bin}	R^2
CO	$y=0.2849x+1.257$	0.7583
HC	$y=0.0538x-0.0129$	0.9332
NO_x	$y=0.1254x+0.1682$	0.9670

(1)在比功率区间 bin1 ~ bin3 对应着机动车比功率为负值的情况,此时机动车减速度值比较大,存在比较多的制动减速情况,最高值为比功率区间 bin3,CO 的质量排放率为 2.5419mg/s;HC 的质量排放率处于较低的情况,表明 HC 的质量排放率与机动车的行驶速度存在着较大的关系,其中在比功率区间为 bin1 时最低,为 0.0673mg/s;NO_x的质量排放率随着比功率区间的增加表现出良好的线性关系,在回归时 R^2达到了 0.9670,这与较大比功率带来汽缸更高的温度有关。

(2)在比功率区间 bin4 ~ bin5 对应着机动车处于较低加速度的情形,此时机动车形势较为顺畅,没有急加速和急减速的情况产生。CO 在比功率区间 bin4 时有一个向下的拐点,每秒排放为 1.8237mg,比功率区间 bin5 有较高的增加;HC 比功率区间 bin4 时排放率较高,而在比功率区间 bin5 有较大的降低,这与 CO 的规律恰好相反;NO_x在这两个比功率区间由于相对于较小的比功率区间没有大幅度的功率升高,也没有很大的排放增加,增加较为平均。

(3)比功率区间 bin6 ~ bin10 对应着机动车处于比较高的速度和加速度情形,大多出现在机动车行驶中突然加速的情形。三种排放污染物在这个比功率区间范围的排放值都很高,其中 bin8 ~ bin10 的排放值要明显高于其他比功率区间,在这个比功率区间同时对应较高的行驶速度,所以排放尤其剧烈。

3.3.2　各分区轻型车质量排放率

按照 3.2.3 节的比功率分区划分的 10 个比功率区间,根据 3.3.1 节的不同分区下的轻型车排放规律分析,在试验得到的大量排放和行驶工况数据的基础上,通过不同比功率区间的比功率对应的质量排放率的平均计算,得到了表 3-2 所示的轻型车 10 个比功率分区三种排放污染物的质量排放率,可以依此作为与交通仿真模型结合来量化轻型车排放的依据。

轻型车比功率分区下的尾气污染物质量排放率　　表 3-2

比功率分区	VSP(kW/t)	CO(mg/s)	HC(mg/s)	NO_x(mg/s)
1	$VSP<-10$	1.9025	0.0673	0.3437
2	$-10\leq VSP<-2$	2.0918	0.1030	0.5046

续上表

比功率分区	*VSP*(kW/t)	CO(mg/s)	HC(mg/s)	NO_x(mg/s)
3	-2≤*VSP*<0	2.5419	0.1593	0.5562
4	0≤*VSP*<2	1.8237	0.2323	0.5855
5	2≤*VSP*<5	2.3533	0.1896	0.6916
6	5≤*VSP*<9	2.2451	0.2592	0.8216
7	9≤*VSP*<13	2.6964	0.3180	1.0906
8	13≤*VSP*<17	4.0725	0.4383	1.1764
9	17≤*VSP*<20	3.9979	0.5472	1.3588
10	20≤*VSP*	4.5135	0.5174	1.4514

3.4 基于比功率的中型车微观排放模型

与轻型车的排放分析相似,在试验得到的大量数据基础上,比较不同分区下的中型车排放规律以及计算得到不同分区中型车的质量排放率。另外,对比中型车与轻型车比功率分布的差异以及两种车型与比功率之间关系的差别。

3.4.1 各分区的中型车排放规律

试验中型车辆在所有行程中的比功率在-30~30kW/t区间内的频率分布如图3-12所示。

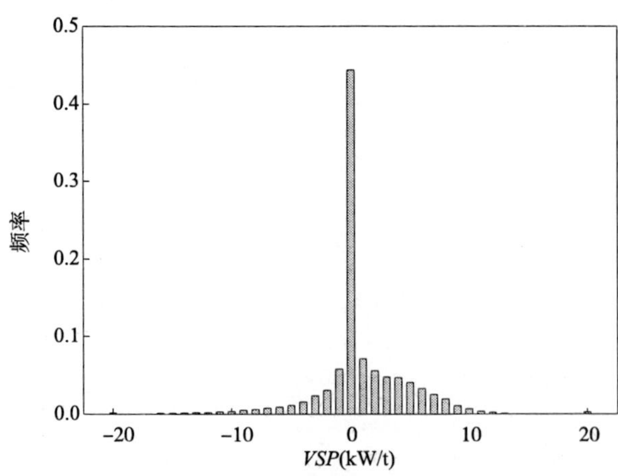

图3-12 中型车比功率分布频率图

如图 3-12 所示，比功率在 –10 ~ 10kW/t 区间内出现频率较高，在 –2 ~ 5kW/t 区间出现的频率为 85%，比功率为零的出现频率为 46%，与轻型车相比，比功率分布更为集中，表明机动车急加速和加减速情况要少于轻型车。同时，与轻型车相同的是，更多的比功率频率分布在正值比功率区间，表明机动车急减速的情形要更少的出现，这与中型车的行驶速度相对较低也有关系。试验结果说明，在频率较低的高比功率区间，往往对应着高的瞬态排放值，如 HC 的最高值和最低值要相差 20 倍左右，虽然在整个机动车行程中，比功率大的值较少，但对排放总量的影响较大，而且可以以此作为两种不同的交通管控措施来对比排放的依据，因为更优化的交通管控措施往往带来更少的高比功率出现，从而起到了降低排放总量的目的。

中型车三种排放污染物随着机动车比功率分区变化关系如图 3-13 ~ 图 3-15 所示，中型车三种排放污染物随着机动车比功率分区的增加基本上也呈现了单调增加的趋势，CO、HC、NO_x 的最高排放点依次出现在比功率分区 bin8、bin9、bin10。

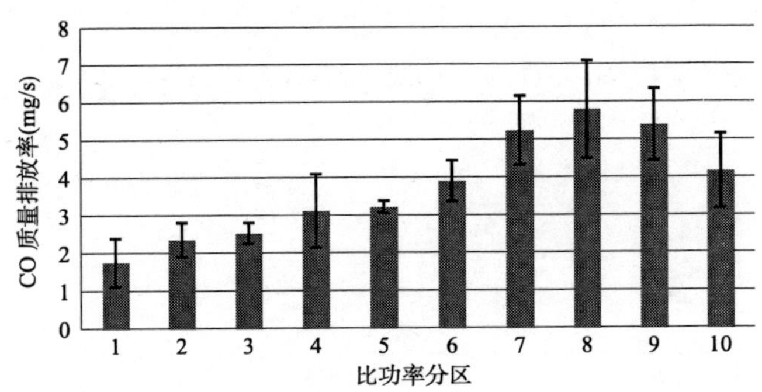

图 3-13　不同比功率分区下 CO 质量排放率的变化趋势

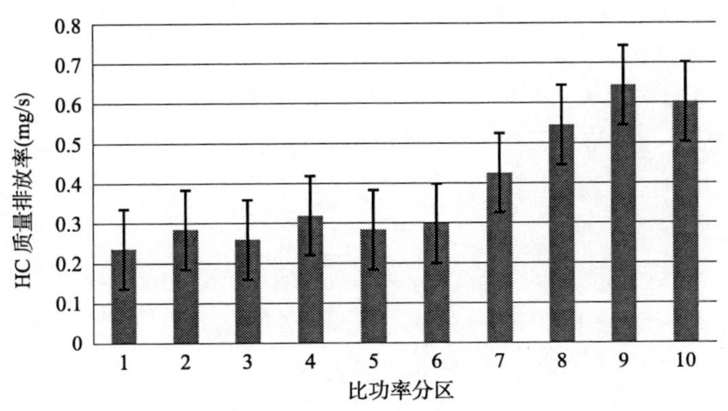

图 3-14　不同比功率分区下 HC 质量排放率的变化趋势

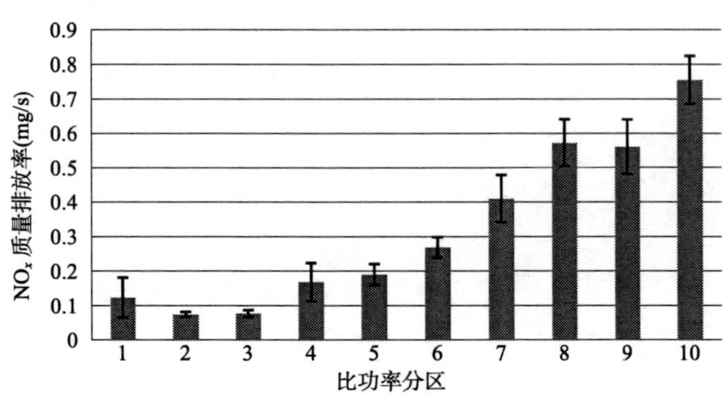

图 3-15 不同比功率分区下 NO_x 质量排放率的变化趋势表

通过表 3-3 三种排放污染物质量排放率与比功率区间的线性回归可以看到，在回归时轻型车与中型车的排放变化表现出类似的规律，比功率分区与排放污染物存在良好的线性相关性，并呈现了单调增加的趋势，而且随着比功率分区的增加单调增加的快慢依次是 CO、NO_x和 HC，这与轻型车的规律也一致。在对不同比功率分区的排放速率进行比较时表现以下特点。

不同比功率分区与三种污染物质量排放率之间关系 表 3-3

因素 / 排放污染物	VSP_{bin}	R^2
CO	$y = 0.4021x + 1.5471$	0.7668
HC	$y = 0.0462x + 0.1357$	0.8223
NO_x	$y = 0.0749x - 0.0897$	0.8925

(1)在比功率区间 bin1 ~ bin3 对应着机动车比功率为负值的情况，此时机动车处于减速工况，CO、HC、NO_x在此范围内的排放率都要低于在功率分区更高的比功率区间。其中 CO 和 HC 的最低排放值都在比功率区间 bin1，CO 为 1.7658mg/s，HC 为 0.2349mg/s，其中 CO 要略低于轻型车的此区间排放，HC 要大大的高于轻型车在此区间的排放，这应该与两种车型发动机和质量的差异有关；NO_x的最低排放值出现在比功率区间 bin2，只有轻型车最低排放的 1/5 左右。

(2)在比功率区间 bin4 ~ bin5 对应着机动车处于较低加速度的情形，此时机动车较多的处于巡航和怠速工况。三种污染物在这个范围内变化较为平稳，相对于比功率区间 bin1 ~ bin3 有小幅的增加，也同时为机动车排放在更高比功率区间迅速增加的拐点。

(3)比功率区间 bin6 ~ bin10 对应着机动车处于比较高的速度和加速度情形，

与轻型车相似,在此范围内三种排放污染物的质量排放率最高,但规律不尽相同,其中 CO 和 HC 的最高排放值出现在比功率区间 bin8 和 bin9,而 NO_x除了比功率区间 bin8 略高于 bin9,基本呈现了单调增加的趋势。

3.4.2 各分区中型车质量排放率

按照3.2.3 节的比功率分区划分的 10 个比功率区间,根据 3.3.1 节的不同分区下的中型车排放规律分析,在试验得到的大量试验数据的基础上,通过不同比功率区间的比功率对应的质量排放率的平均计算,得到了表 3-4 所示的中型车 10 个比功率分区三种排放污染物的质量排放率,可以依此作为与交通仿真模型结合来量化中型车排放的依据。

中型车比功率分区下的尾气污染物质量排放率 表 3-4

比功率分区	VSP(kW/t)	CO(mg/s)	HC(mg/s)	NO_x(mg/s)
1	$VSP < -10$	1.7658	0.2349	0.1256
2	$-10 \leq VSP < -2$	2.3659	0.2838	0.0772
3	$-2 \leq VSP < 0$	2.5380	0.2585	0.0793
4	$0 \leq VSP < 2$	3.1288	0.3188	0.1705
5	$2 \leq VSP < 5$	3.2344	0.2829	0.1929
6	$5 \leq VSP < 9$	3.9160	0.2982	0.2709
7	$9 \leq VSP < 13$	5.2499	0.4252	0.4120
8	$13 \leq VSP < 17$	5.8076	0.5458	0.5745
9	$17 \leq VSP < 20$	5.4015	0.6456	0.5627
10	$20 \leq VSP$	4.1770	0.6033	0.7570

3.5 基于比功率的公交车微观排放模型

公交车辆与普通车辆运行情况有很大差别,其排放也有较大差异。研究表明,比重很少的柴油重型车产出生 75% 的颗粒物排放和 45% 的 NO_x 排放,虽然公交车的种类已经增加了天然气、混合动力等车型,但由于柴油公交车具备较高的燃油经济性,目前仍广泛应用于公交车中,并占据了大量的机动车排放份额。因此,进行排放分析时一般都会特别对待。但由于所搭建的试验平台只能测试汽油车的排放,所以对柴油公交车的排放参考了国内外的相关研究。

目前有关比功率与排放的研究大部分集中于轻型车及中型车,对于比功率与重型车排放的研究较少。对公交车进行排放测试集中于底盘测功机测试、遥感测试和隧道测试。为了避免遥感测试和隧道测试对测试地点的限制，保证测试结果涵盖整条道路，美国北卡罗来约州立大学的 frey 等人在搭建车载排放测试试验平台时采用了 SENSOR 公司生产的 SEMTECH-D 车载排放测试仪，可以实时测得 CO、HC、NO_x、CO_2的体积浓度，并通过数据记录器获取车辆电控单元的数据，车辆位置和速度通过 GPS 记录，可以输出车辆的运行工况数据及对应的实时的排放数据。基于此计算比功率分区下的柴油公交车平均排放率，并作为与交通仿真模型结合量化区域公交车排放的依据。

2009 年 10 月份到长春公交公司调查，2009 年长春市共有公交车 2715 辆，其中 2008 年新投产 533 辆，2009 年投产 486 辆，每年做两次检测，驾驶人年龄集中在 30-40 岁，大多有 10～15 年驾龄。Frey 等人在美国测试使用的是涡轮增压的直喷柴油发动机，并在排气管装有优化催化剂，这与长春市红旗街—延安大街区域的公交车型相似，因此，可以将他们的研究结论作为参考，对应建立的比功率分区方法，得到了表 3-5 所示的公交车比功率分区下的尾气污染物质量排放率。

公交车比功率分区下的尾气污染物质量排放率 表 3-5

比功率分区	VSP(kW/t)	CO(mg/s)	HC(mg/s)	NO_x(mg/s)
1	$VSP < -10$	0.3428	0.8936	2.3350
2	$-10 \leq VSP < -2$	0.8659	1.2138	3.8250
3	$-2 \leq VSP < 0$	3.3380	1.7685	12.293
4	$0 \leq VSP < 2$	4.4288	1.8388	18.705
5	$2 \leq VSP < 5$	6.7344	1.8929	22.029
6	$5 \leq VSP < 9$	8.5160	1.9482	24.209
7	$9 \leq VSP < 13$	7.9499	2.0052	26.620
8	$13 \leq VSP < 17$	6.5076	2.1758	27.345
9	$17 \leq VSP < 20$	6.2015	2.1810	30.827
10	$20 \leq VSP$	5.2770	2.2033	32.970

3.6 小结

本章中采用了涵盖机动车速度、加速度以及道路坡度的比功率作为建模因素，建立了三种车型基于比功率的微观排放模型，并得到了三种车型不同比功率分区的质量排放率，基于比功率的排放模型在理论上符合机动车的排放原理，同时数据获取方式可行。这为通过微观排放模型与交通仿真模型结合来准确量化区域排放总量，并评价不同交通控制策略对排放的影响奠定了基础。

第4章　主干路段行车特征及排放定量测算

要得到一条主干路上的机动车排放特征，必不可少的两大要素是要得到道路上机动车的排放率以及该路段上的机动车行驶特征，再将这两者定量耦合得到路段上的排放状况。本章节将以长春市特定路段为研究对象，根据试验数据分析车辆行驶特征工况，以及进一步利用交通流理论分析车速、流量与行驶工况关系进而分析主干路路段的排放特征。

4.1　主干路车辆行驶特征分析

4.1.1　主干路行驶 v-T 曲线

机动车行驶特征是机动车排放的重要影响因素之一，它反映了一个范围内的交通活动水平状况。

国内外许多学者根据自身研究需要建立了诸多行驶特征工况曲线，比较有代表性的有美国加州学者最初根据洛杉矶城市公交车运行特点定义出美国联邦汽车试验规程（FTP 工况），FTP 应用较广泛，其特征基本模拟描述了美国城市机动车运行的整体综合水平；还有美国环保署建立的 HWY 工况描述机动车在高速公路上的行驶特征等。本章节研究的几条长春市主干路，有着特定的交通状况，以路段为单元，着眼于机动车在特定道路上的速度（v）-时间（T）曲线特征规律。路段是根据交叉口以及道路属性变化划分的，这样较容易区别道路行驶特征的变化规律。路段行驶特征较综合的城市行驶特征相比能更精细准确地描述机动车行驶状态。

利用采用试验得到的 GPS 数据时间上对应 OEM 测量仪中记录的各列数据。试验操作中设置的 bag 标记可以容易地知道试验用车各项数据与路段相对应，得到各个路段上的速度（v）-时间（T）曲线特征曲线。图 4-1 ~ 图 4-3 为以试验数据为例作出的几条街路路段平峰期典型的行驶特征 v-T 曲线。

从图中可以明显地看出各条主干路的速度波动情况，再将试验中记录的瞬时工况点作出散点图 4-4，从速度加速度分布点图中可看出在加速度为正时速度越大，与其对应的加速度有变小的趋势；而加速度为负值时，减速度大小与速度无明显趋势，说明车辆制动性比较随机，在各种速度下都有可能发生制动，单车受到车流的制约较为明显，行车自由度低。

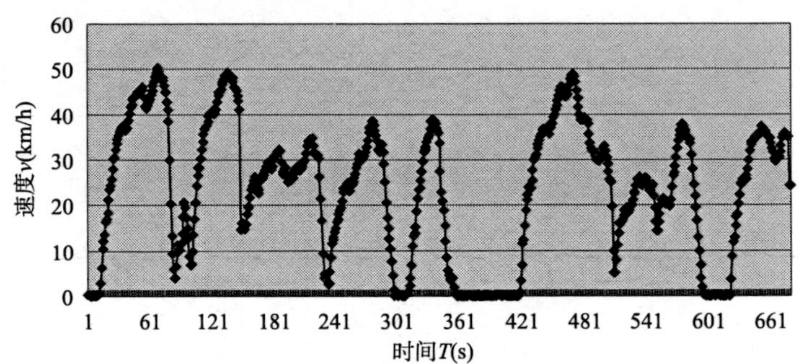

图 4-1 人民大街平峰期行驶 v-T 曲线

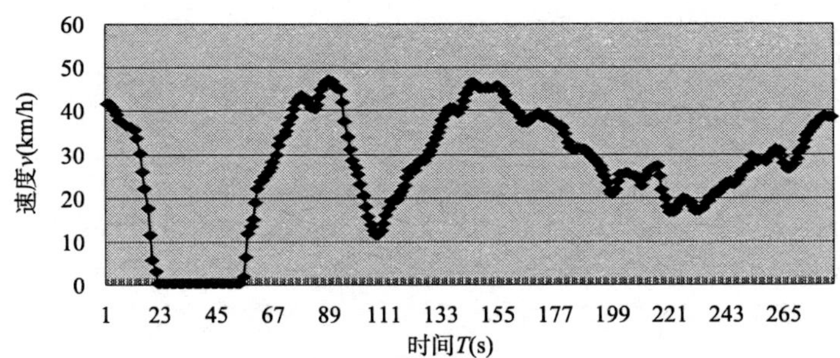

图 4-2 长春大街平峰期行驶特征

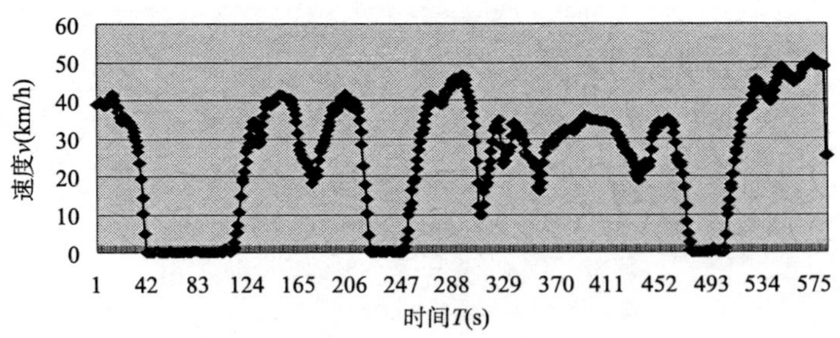

图 4-3 亚泰大街平峰期行使特征曲线

根据各路段行车工况点分布，进一步按照工况点分类累计得到各工况点的所属区间，分别得到主干路各个工况按照所占时间、排放量及里程的分担率，如图 4-5 及表 4-1 所示。

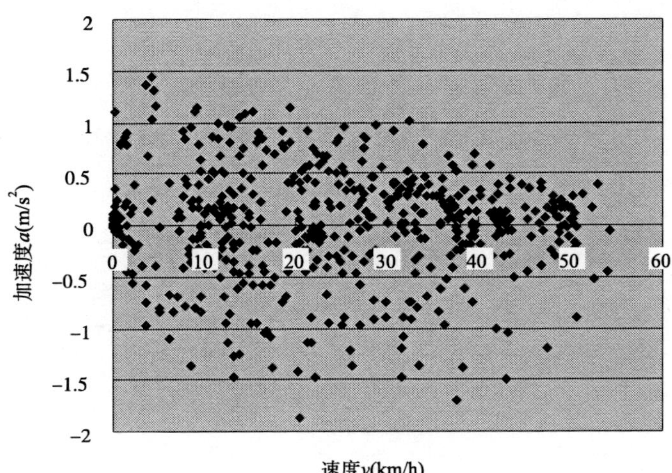

图4-4　速度、加速度点分布

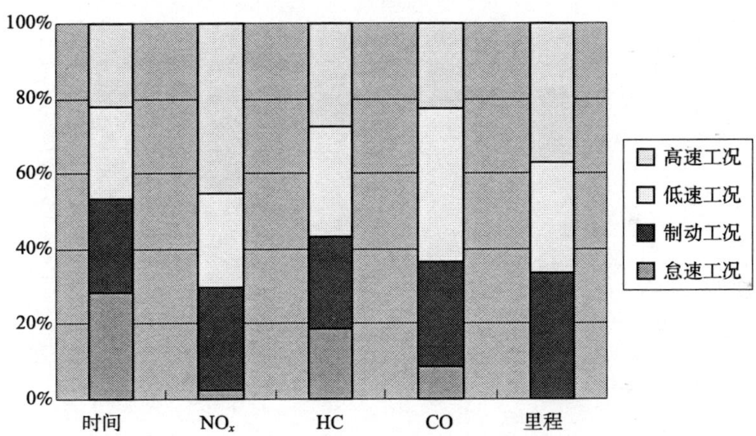

图4-5　各个工况的时间、排放物质量、里程分担率

行驶全路段4种工况下3种污染物的排放量、时间及里程　　表4-1

工　况	时间(s)	NO_x(g)	HC(g)	CO(g)	里程(km)
怠速工况(bin0)	870	0.195359	0.319413	5.22419	0
制动工况(bin0,11,21)	767	2.432128	0.425339	16.20109	6.1
低速工况(bin12~17)	747	2.219987	0.508903	24.31543	5.1
高速工况(bin22~27)	680	3.965973	0.469979	13.1991	6.8

4.1.2 行驶特征特征值描述

由于主干路路段上行驶的车辆受制于交叉路口信号灯，车辆速度呈现出较强的规律性变化，为了表现出路段上的行驶工况，本节参照以往相关研究选定主干路的特征值参数见表 4-2 和表 4-3。

主干路特征值参数表　　表 4-2

特征值	意　　义	单位	公　　式
T	运行时间	s	
T_a	加速时间	s	
T_d	减速时间	s	
T_c	巡航时间	s	
T_i	怠速时间	s	
S	运行距离	km	
v_{max}	最大速度	km/h	$v_{max}=\max\{v_i, i=1,2,\cdots,k\}$
v_m	平均速度	km/h	$v_m=S/T$
v_{mr}	运行速度(除去怠速的平均速度)	km/h	$v_{mr}=S/(T-T_i)$
v_{sd}	速度标准偏差	km/h	$v_{sd}=\sqrt{\frac{1}{k-1}\sum_{i=1}^{k}(v_i-v_m)^2}\quad(i=1,2,\cdots,k)$
A_{max}	最大加速度		$a_{max}=\max\{a_i, i=1,2,\cdots,k\}$
a_a	加速段的平均加速度		$a_a=\frac{\mathrm{sum}\{a_i \mid a_i\geqslant 0.15, i=1,2,\cdots,k\}}{T_a}$
a_{min}	最小加速度，即最大减速度		$a_{min}=\min\{a_i, i=1,2,\cdots,k\}$
a_d	减速段的平均减速度		$a_d=\frac{\mathrm{sum}\{a_i \mid a_i\leqslant -0.15, i=1,2,\cdots,k\}}{T_d}$
a_{sd}	加速度标准差		$a_{sd}=\sqrt{\frac{1}{k-1}\sum_{i=1}^{k}a_i^2}$

几个试验主干路段特征值参数值　　表 4-3

特征值	意　　义	人民大街	长春大街	亚泰大街	单位
T	运行时间	689	256	515	s
T_a	加速时间	152	102	172	s

续上表

特征值	意　义	人民大街	长春大街	亚泰大街	单位
T_d	减速时间	171	89	169	s
T_c	巡航时间	101	53	92	s
T_i	怠速时间	263	12	82	s
S	运行距离	2.92	1.86	4.78	km
v_{max}	最大速度	54.4	45.9	61.9	km/h
v_m	平均速度	17.543	24.128	30.69	km/h
v_{mr}	运行速度(除去怠速的平均速度)	24.676	27.443	39.74	km/h
v_{sd}	速度标准偏差	18.25	12.64	18.84	km/h
a_{max}	最大加速度	1.916	1.33	1.388	
a_{min}	最小加速度,即最大减速度	2.72	2.44	1.5	
a_{sd}	加速度标准差	0.635	0.581	0.467	

4.1.3 主干路中运行车辆的 *VSP* bins 分布

将本研究覆盖试验路线的时间变化行驶特征以试验平峰期数据为例将各个工况点所在的比功率分区,如图 4-6 所示。从统计数据中可直观地看到,主干路行车工况并不理想,制动时间占比例大,怠速工况时间较长,高速工况占比例小的特点。

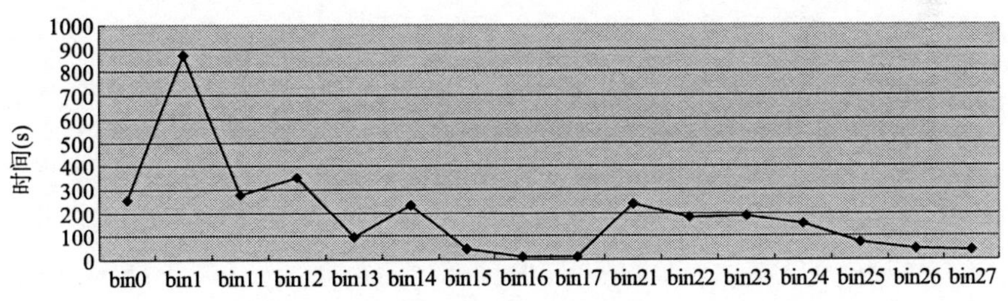

图 4-6　各 *VSP* 分区的时间分布

4.2 主干路轻型车交通流特征分析

4.2.1 主干路交通流组成

按照在混合交通流中,交通组成复杂,如同其他各大中城市一样,长春市交通管理部门对几条主干路的上路车辆有一定的限制，如人民大街、解放大路上白天禁止货车上路。本书将重点放在主干路上占有比例最大的轻型车上。依据排放的车型分类，考虑到因素较复杂，目前还没有完善相应的细化标注。当前执行的机动车污染测算车型普遍采用2005年10月颁布的国家机动车污染测算车型分类行业标准。HJ/T 180—2005标准中，仅按质量与载客数进行了分类。按照前文所描述的影响机动车尾气排放的各种可量化参量重要因素还很多，如总质量、燃油类型、技术等级、行驶里程等进行划分类别，见表4-4。

车型分类方法比较 表4-4

<table>
<tr><th>传统分类方法</th><th colspan="4">依据排放的分类</th></tr>
<tr><th>应用类型</th><th>总质量</th><th>燃油类型</th><th>催化剂技术等级</th><th>行驶里程</th></tr>
<tr><td>微型车</td><td rowspan="6"><3.5t
7t
10t</td><td rowspan="6">汽油
柴油
乙醇汽油
LPG
CNG
混合动力
电力驱动</td><td rowspan="6">无催化剂
氧化催化剂
三元催化剂</td><td rowspan="6">低
中
高</td></tr>
<tr><td>轿车</td></tr>
<tr><td>出租车</td></tr>
<tr><td>中型汽油车</td></tr>
<tr><td>中型柴油车</td></tr>
<tr><td>摩托车(2,4冲程)</td></tr>
</table>

4.2.2 轻车型折算系数

在混合交通流中，各种车型不仅所占的道路空间不同，其行驶性能也相差很大，相互干扰。在进行交通量分析和通行能力计算时，必须采用当量的方法进行折算，把混合车流的交通量(veh/h)换算成标准车型的当量交通量，其他相当于标准车型的当量数称为该车型汽车的车型辆换算系数。

在进行车型换算时，应以交通流中所占比例最大的车型作为标准车型进行换算，因为交通流的行驶特性主要受比例最大的车型的行驶性能的影响。本节用的JETTA试验车作为排放标准车，小型车为标准车的车型换算系数以*pce*(passage car equivalent)表示。混合车流量换算成标准车型车流量的单位为pcu/h(passage car unit per hour)。

车型换算系数在交通工程中含义不同，不可能给出一个统一的计算模型。因此，车型换算必须针对具体情况来分别计算。

目前，车型换算系数的应用仅限于通行能力研究领域，交通量将从三个方面考虑，包括实际观测的交通量(自然数)Q(veh/h)，基于通行能力的标准车流量Q_c(pcu/h)和基于污染排放的标准车流量Q_f(pcue/h)在进行排放污染研究时，交管部门测量提供的流量数据为 Q 和 Q_c，这里需将上述三种交通量进行相互转换。

设交通流中第 i 种车型车辆的车型换算系数和所占比例分别为 pce_i 和 γ_i，则：

$$Q_c = \sum pce_i \cdot \gamma_i \cdot Q = Q\sum pce_i \cdot \gamma_i = f_{pcu} \cdot Q(pcu) \tag{4-1}$$

式中：f_{pcu}——基于通行能力的标准车系数。($pcuf$)

设交通流中第 i 种车型车辆基于排放污染的车型换算系数为 $pcef_i$，则：

$$Q_f = \sum pcef_i \cdot \gamma_i \cdot Q = Q\sum pcef_i \cdot \gamma_i = f_{pcuf} \cdot Q \tag{4-2}$$

式中：f_{pcuf}——基于排放污染的标准车系数。

根据公式(4.1)和(4.2)即可对各交通量进行转换。但基于排放污染的车型折算系数确定将是非常复杂的问题，需要在车型分类完善的基础上，经过大量的试验才能得到较精确的系数。

4.2.3　主干路流量

借助长春市交警大队设置在主要路口解放大路的车流量自动监测仪所采集的数据，考虑到城市居民出行的内在规律性，参考以往长春市交通调查结果估算整理出主干路路口的高峰小时交通量数据及时变系数，如图4-7和图4-8所示。

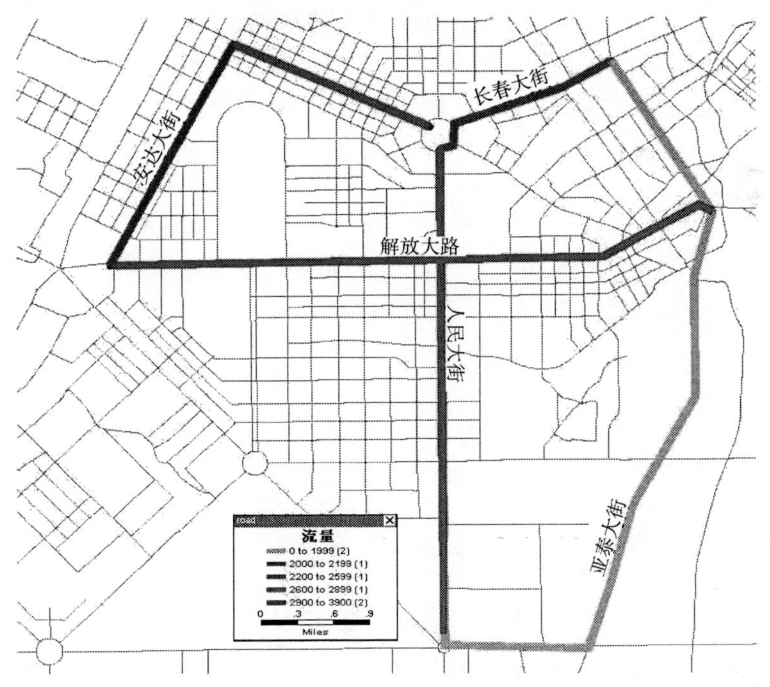

图4-7　试验路段交通流量

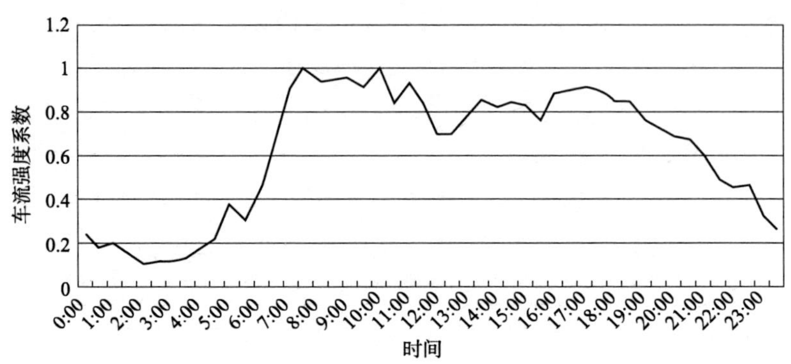

图 4-8　交通流量时变系数

在试验路段中人民大街与解放大路高峰期交通流量最大，均超过 2800pcu/h；亚泰大街路况相对较好交通流量在 2000pcu/h 以下，与前面得到的主干路特征参量系数相吻合。

长春市主干路车流量时间分布趋势与其他大中城市相似均呈现出双峰结构，峰值出现在上下班高峰期。与之对应的是高峰期主干路行驶特征参量的变化，如，怠速时间变长，平均速度降低，加、减速频率加大等。

4.3　主干路段排放轻型车排放特征分析

4.3.1　路段排放速率

路段排放速率由机动车瞬态排放特征与路段形驶特征耦合计算得到，基于本节前面研究结论，路段排放速率的模拟方法如式：

$$EF_{i,j,k} = \sum_{vspbins=1}^{17} [\phi_{mv,j,k} \times e_{i,j,k}(m)] \tag{4-3}$$

式中：$vspbins$——速度及 VSP 分区；

i——类型车种类；

j——时段；

k——路段；

m——$vspbins$ 区间；

$EF_{i,j,k}$——i 类车型在 k 路段上第 j 时段的综合排放速率，g/s；

$\phi_{mv,j,k}$——机动车在 k 路段上第 j 时段处于 $vspbins$ 比功率区间的时间分布；

$e_{n,j,k}(m)$——机动车在 k 路段上第 j 时段处于 m 比功率区间的排放率。

4.3.2 路段排放清单

在路段的排放清单模拟中,交通活动水平是极为关键的一部分。通常各种尺度的排放清单采用的交通流量来表征交通的活动水平。但从微观角度来说,交通流量这一概念还无法表征出城市交通流内的微观活动水平,因而无法与微观的瞬态排放速率计算模式结合产生相应尺度的排放清单。

交通密度概念为一段道路的车辆数,单位是辆/km 道路长度来表示。交通密度能够表现出道路上排放污染物的实体个数,交通密度与速度车流量的关系某一时刻,道路上某一类型的污染排放量等于道路上所有该车型的数量与该时刻机动车的排放速率之积,本书中第 3 章得到了不同 *VSP* bin 所对应的排放速率及 *VSP* bin 频率分布后,计算某段行程的机动车污染物排放量:

$$EM_{i,k}=f(VSP)\cdot R(VSP)\cdot t \tag{4-4}$$

$$VP_{i,j,k}=L_k\cdot\rho_{i,j,k} \tag{4-5}$$

式中:$EM_{i,k}$——轻型车队 i 在 k 路段上第 j 小时的排放量,kg;

$VP_{i,j,k}$——i 车型在 j 小时 k 路段上的平均在路机动车数量,辆;

L_k——k 路段长度,km;

$\rho_{i,j,k}$——车型 i 在 j 小时 k 路段上的平均交通密度,辆/km。

一个小时内路段上的平均交通密度等于交通流量除以平均速度,即:

$$\rho_{i,j,k}=\frac{Q_{i,j,k}\times\dfrac{L_k}{\bar{v}_{i,j,k}}}{L_k}=\frac{Q_{i,j,k}}{\bar{v}_{i,j,k}} \tag{4-6}$$

式中:$Q_{i,j}$——k 路段上 j 小时的轻型车流量,辆/h;

$\bar{v}_{i,j,k}$——i 类轻型车在 j 时段在 k 路段上的平均速度,km/h。

$$EM_{i,k}=\frac{3600}{1000}\cdot\sum_i\left(\frac{Q_{i,j,k}\cdot EF_{i,j,k}\cdot L_k}{\bar{v}_{i,j,k}}\right) \tag{4-7}$$

可知,排放量是由交通流量 Q、交通流平均速度 v 及排放速率 EF 三个因素协同作用的结果。其中排放速率 EF 在本研究中是机动车行驶比功率的函数即是速度和加速度以及道路坡度的函数,受到路段类型及长度的影响;Q 是平均速度 v 的函数。不同道路的 Q-v 关系不同,不同工况下污染物排放和速度比功率的函数也有所不同,因此在不同道路上,各种污染物的排放量会表现出各自不同的时变化规律。

排放清单的计算方法基于机动车排放速率、路段行驶特征以及道路交通密度,是一种自下而上的排放清单计算方法,从机动车在每条路段及每个时段的排放特征出发,构建轻型车在区域路段的排放清单。

4.4 路口处的车辆运行特征

研究交叉口处的汽车尾气排放,需要对车辆通过交叉口处的特定运行特征进行分析。很明显,机动车通过交叉口处的特征与在路段上行使的运行特征有较大差别,这种差别主要是指机动车在行驶遇到红灯信号会有停车或不完全停车的过程。简化来讲的运行特征,对应机动车工况即为减速—怠速—加速等,或者较路段行驶特征比较受到一定干扰的巡航行驶工况。

4.4.1 研究路口范围

根据路口的交通流特征,为充分考虑在路口中阻滞和延误所引起的车辆减速—加速—怠速一系列运行状态所造成的排放变化。本文中路口考虑的范围是“大路口”概念,其边界应包括受交叉口处信号控制所影响的范围,即平峰期引起的车辆减速和高峰期排队长度。如图 4-9 所示,图中 OAn = 高峰期排队长度。信号相位采用典型的 4 相位,图 4-10 所示设置的交叉口为典型的 4 个相位,各个相位的交通流运行方向如图 4-10 所示。

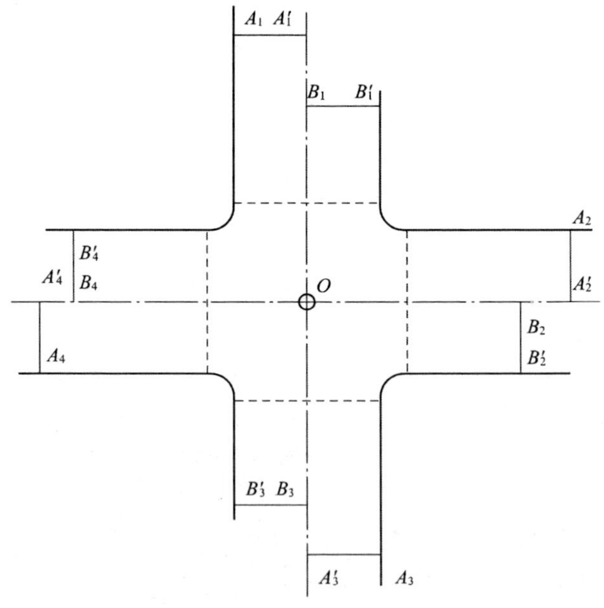

图 4-9 典型交叉口示意图

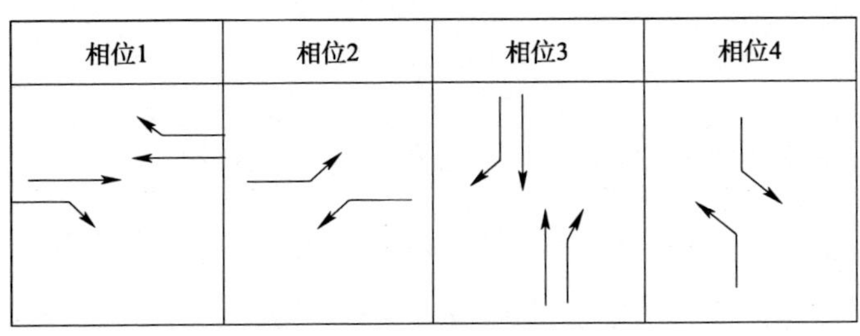

图 4-10　典型交叉口相位设置

4.4.2　车辆运动特性的设定

对交叉口交通采用如下假设：

(1)进口道上游车辆到达是随机的，周期内任何时刻车辆到达的概率均等，且进入交叉口区域前的车速相等。

(2)红灯期间和绿灯期间到达的车辆形成排队串。

(3)绿灯开启后，经过头车起动时间，排队车辆以排队的车头时距驶出停车线，非排队车辆以上游到达的车速行驶，直至驶出停车线。

(4)最后一辆排队车辆与第一辆非排队车辆之间的车头时距不小于排队车头时距。

(5)每周期进口道内无溢流。

4.4.3　交叉口的车辆运动和延误

车辆到达交叉口的数量和到达时间间隔是随机变化的，在每个信号周期内，总有一部分车辆遇到红灯信号需要减速等待。当红灯转为绿灯时，车辆起动并加速通过路口。根据 TRANSYT 系统中描述部分车辆可能在停车线只是减速，恰巧遇到绿灯，直接通过交叉口，称之为“不完全停车”，可以将此折算为完全停车在计算交通流的平均延误。

在交叉口通行能力已定的条件下，延误时间主要取决于车辆的到达率，设为 q(pcu/h)。设绿灯时的驶出率为 s(pcu/h)，绿灯时间 t_g和红灯时间 t_r(包括黄灯和损失时间)，因此，周期为 $C = t_g + t_r$。

如果到达率和驶出率为常数。即红灯时驶出率 $s = 0$，车辆排队，当信号转为绿灯，排队车辆以 s(pcu/h)驶出率离开交叉口，绿灯开启后 g_0(s)内，队列消失或部分消失。

1)不饱和交通流下情况的排队和延误

排队长度形成的车辆数为 qt_r，而绿灯时间的净驶出率为 $s - q$。对长消散所需

的时间 g_0 为：

$$g_0 = \frac{q}{s-q}t_r \tag{4-8}$$

为了保证在各周期内的车辆能消散，必须 $g_0 \leqslant t_g$，即：

$$\frac{q}{s} \leqslant \frac{t_g}{C} = \lambda \tag{4-9}$$

式中：λ——绿信比。

在满足式(4-9)时，每个周期内车辆的总延误 t_d 等于图 4-11 中阴影部分的三角形面积，即：

$$t_d = \frac{t_r q}{2}(g_0 + t_r) = \frac{t_r^2 sq}{2(s-q)} \tag{4-10}$$

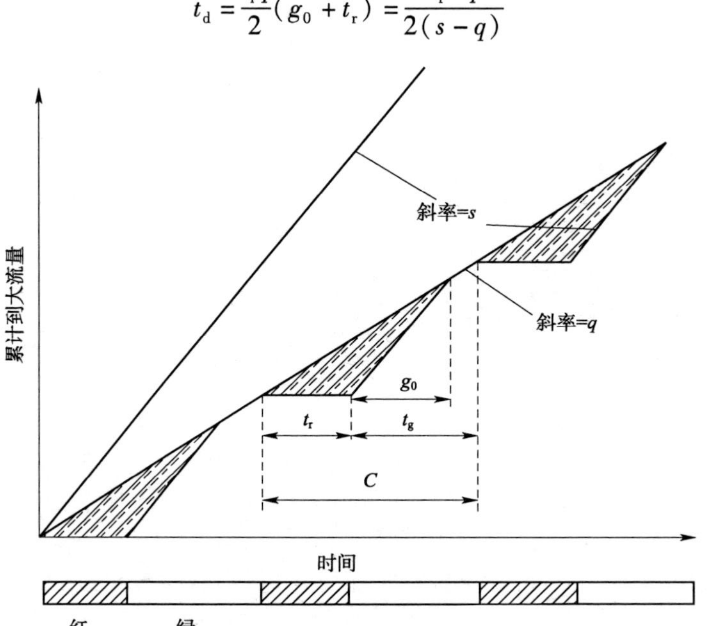

图 4-11　不饱和下车流的到达与消散

每周期到达的车辆总数为 Cq，因此，每辆车的平均延误为：

$$\bar{t}_d = \frac{t_r^2 s}{2C(s-q)} \tag{4-11}$$

排队长度为 qt_r。

2）在饱和交通流下的排队和延误

在饱和交通流下的车辆延误和排队计算方法的研究较多，其中代表性的为定数(还有其他的理论没有举例)理论排队模式。定数排队模式的基本假设是交通量车辆到达率 q 在 T 时间段内为恒定,通行能力 Q 为常数,当车辆到达率为 q 且大于 Q 时,$q-Q=ZQ(Z>0)$,且过饱和排队长度随时间而线性增长,在 T 时刻为 ZQT。在研究的区间内,认为车辆的滞留和阻塞是定数。在饱和交通流的情况下,车辆的排队滞阻如图 4-12 所示。

从图 4-12 可以看出:

(1)随时间变化车辆不断抵达,车辆数的累计为斜率 q 的直线,而驶出线为锯齿形。红灯相位为水平线,绿灯相位为斜率 S 直线,而驶出线与到达车辆的累计线所围成的面积为全部车辆延误时间之和。

(2)车辆到达线与驶出线之间的竖向距离,代表每一瞬间车辆排队长度(以排队车辆的数量表示),过剩的滞留车流长度则是指过饱和引起的每周期积存的车辆而形成,如图 n_{i-1}、DE 为第 i 个周期结束后,积存下来的车辆数,设第 i 个周期结束后,积存下来的车辆数为 n_i,从图中可以看出:

$$n_i = n_{i-1} + qC - St_g \tag{4-12}$$

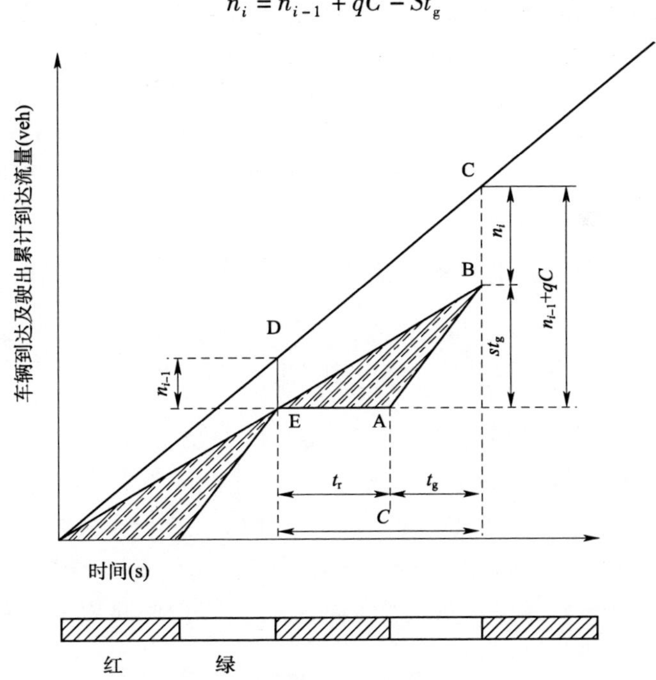

图 4-12　饱和状态下车流的到达累计

在第 i 个周期内,全部车辆的延误时间之和,为多边形 ABCDE 的面积,设延误

时间为 T_i,则:

$$T_i = n_i \cdot C + \frac{1}{2}(qC^2 - St_g^2) \tag{4-13}$$

第 i 个周期,车辆的总停车次数为 H_i:

$$H_i = n_{i-1} + qC = n_i + S \cdot t_g \tag{4-14}$$

每部车辆(qT)的平均过饱和滞留车队长度为:

$$L_d = \frac{(q - Q)}{2} \tag{4-15}$$

由式(4-12)至式(4-14)可以推导出车辆延误时间总和为:

$$T_d = \frac{qt_r}{2} + L_d \cdot X \tag{4.16}$$

式中:$X = \frac{q}{Q}$;

L_d——平均过饱和滞留车辆数,即进口方向上所有车道滞留车辆总和;

q——进口方向上的车辆到达率,veh/h;

Q——进口方向上的通行能力,veh/h。

由式(4-16)可求出每辆车的平均延误时间为:

$$\overline{t_d} = \frac{T_q}{q} = \frac{t_r}{2} + \frac{L_d X}{q} \tag{4-17}$$

4.5 车辆通过交叉口在各运行状态下的排放分析

4.5.1 交叉口车辆停车怠速时的尾气排放

十字交叉口红灯期,车辆在停车线开始排队,是街口周期性处于的状态。车辆陆续抵达在街口形成排队,此时各车辆的发动机逐次处于怠速状态,怠速为一稳定状态,但在实际运行中发动机转速是由高逐渐降低需要一段时间才能达到稳态,由试验数据测定建模以时间作为变量,模型有两部分组成,第一段为稳态以前排放下降曲线,第二段为稳态,排放量在这个阶段视为常数,由此建立排放模型

设第一阶段曲线为:

$$E = a + bt^{-1}$$

式中:E——排放率;

a、b——回归系数。

模型以时间 t 建立倒数回归。则积分 $\int E \cdot \mathrm{d}t$ 表示为某段时间内的单车排放量。即：

$$\int_{t_1}^{t_2} E \cdot \mathrm{d}t = at \mid_{t_1}^{t_2} + b\ln t \mid_{t_1}^{t_2} \tag{4-18}$$

因此第一阶段排放量为 $q\int_{t_1}^{t_2} e\mathrm{d}t$ ，q 为车辆到达率。

第二阶段为稳态，排放率视为常数 k。其排放量为 $q(t_3 - t_2)k$。

因此，在整个怠速停车阶段，排队车队的排放总量为：

$$q\left[\int_{t_1}^{t_2} E \cdot \mathrm{d}t + (t_3 - t_2)k\right] \tag{4-19}$$

t_1、t_2为根据汽车发动机状况一般为相对固定值，t_3为车队在交叉口的平均延误时间，包括红灯延误与其他延误之和。

4.5.2 车辆在交叉口绿灯加速通行时的尾气排放

1）通过路口直行车辆的尾气排放

绿灯开始，在停车线外的车辆加速驶离，根据 GPS 实测数据，通常情况下，车辆在此刻起动可近似视为从速度零开始的匀加速行驶。设路口间两边停车线距离为 H(m)，据实测，$H \leqslant 100$m，车辆通常可近似视为匀加速行驶，同时考虑到红灯期间车辆所形成的排队长度为 $qt_r \cdot l$，因此，车辆平均通过交叉口所需的时间 t 为：

$$t = (2H + qt_r \cdot l)^{\frac{1}{2}} \cdot a^{\frac{1}{2}} \tag{4-20}$$

则在加速工况下，一个信号周期 C 内所通行的车辆尾气排放 G 可表示为：加速度为 a 则在加速工况下一个车道 j 内所通行的车辆尾气排放可表示为：

$$G_j = EFa_i \cdot Q_j \cdot (2H + qt_r l)^{\frac{1}{2}} \cdot a^{\frac{1}{2}} \tag{4-21}$$

式中：EFa_i——路口车队在某一加速度下的车辆尾气排放率，mg/s；

Q_j——路口入口 j 的通行能力，pcu/C；

$Q_j = q \cdot t_g / C$，pcu/C；

q——车辆到达率，pcu/s；

t_g——有效绿灯时间，s；

C——信号周期长，s；

a——车辆平均加速度，m/s^2；

l——车辆排队时每辆车所占地长度，m。

$l = 5$m 按照标准小客折算，车长 4.2m，车间间隙 0.8m。

2）通过路口左转弯车辆的尾气排放量

一般来讲，车辆转弯通过路口将比直径通过路口的排放量稍大，分析主要原因在于两方面，一是曲线车辆运动轨迹便长必然增大了行驶里程；二是车辆在曲线上行驶时，必然产生离心力 F(N)作用在汽车重心，方向背离圆心。最终变成轮胎与路面之间的摩擦阻力，从而增加了轮胎损耗及燃油消耗与排放。离心力 F(N)为：

$$F=\frac{Gv^2}{gR} \tag{4-22}$$

式中：F——离心力，N；

R——平曲线半径，m；

v——汽车行驶速度，m/s。

在城市实际交叉口处，交通流中转弯车速较低，本书不对车辆转弯产生的离心力所引起的尾气变化作深入分析。

在左转向行驶时的车辆起动加速，此时车辆的运动轨迹路线应为圆曲线或缓和曲线，城市道路交叉口处车辆由静止起动速度不会很高。这里可认为加速轨迹是半径为 $R=H/1+h/2$ 的圆弧，如图 4-13 所示两个转弯车道其圆心分别为 O_1 和 O_2，则转弯轨迹弧长为：

$$I=1/4[\pi\cdot(H+h)] \tag{4-23}$$

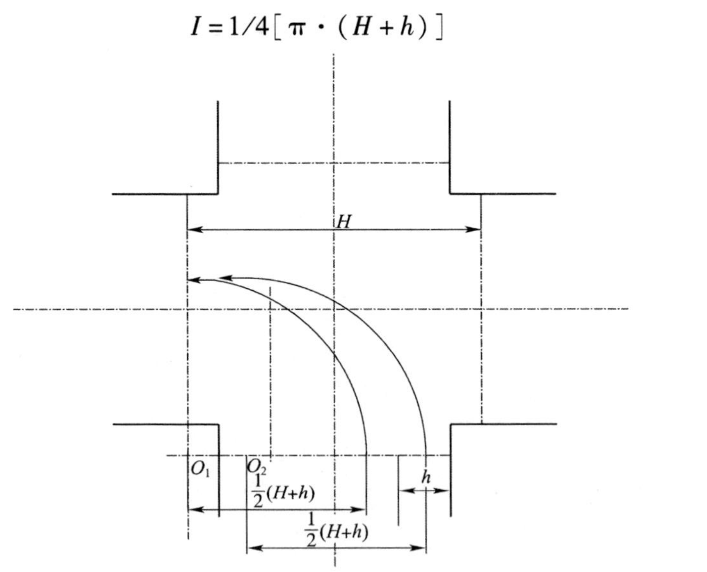

图 4-13　交叉口处转弯路径示意图

其加速时间为：

$$t=[\pi(H+h)]^{1/2}\cdot(2a)^{-\frac{1}{2}} \tag{4-24}$$

因此,转弯车辆在此状态下的尾气排放为:

$$G_{iz}=EFa_i\cdot Q_z\cdot[\pi(H+h)]^{\frac{1}{2}}\cdot(2a)^{-\frac{1}{2}} \tag{4-25}$$

式中:G_{iz}——交叉口左转弯车辆第 i 种尾气排放;

Q_z——交叉口左转弯车道的通行能力。

3)通过路口右转弯车辆的尾气排放

与左转弯情况类似,对于最内向车道,可直接转向,其转弯半径 $R\approx 2h$,对外车道其转弯半径 $R=\sum_{i=1}^{n}h_i$,其圆心在停车线向右延长 h(m)处。因此,尾气的排放量可表示为:

$$G_{jz}=n_i\cdot Qz_j\cdot\pi\cdot\left(\sum_{i=1}^{n}h_j\right)^{\frac{1}{2}}\cdot a^{-\frac{1}{2}} \tag{4-26}$$

4.6 交叉口排放计算实例

为对城市交通流所产生的污染做出定性定量分析,本书针对十字路口这一集中有代表性的污染源特点,选择长春市内主干路与主干路交叉口人民大街与解放大路交叉口进行了交通流状况调查。

4.6.1 交叉口车辆红灯怠速停车的尾气排放

根据表中数据,计算出四个方向上交通流的特征。各车道的排队长度 L_{d} 和各车道车辆的平均延误时间 t_{y},由此可计算出整个交叉口各个方向上通行的车辆,即全部车辆的平均延误,此交叉口的全部车道在通过交叉口的各个方向上,全部车辆的平均延误$\overline{t_{yi}}$为:

$$\overline{t_{yi}}=\frac{\sum_{i=1}^{n}t_{yi}\cdot q_i}{\sum_{i=1}^{n}q_i} \tag{4-27}$$

式中:q_i——一个信号周期内第 i 个车道上的到达率,pcu/c;

t_{yi}——一个信号周期内第 i 个车道上的车辆平均延误时间;

n——车道数;本例中为27。

人民大街——解放大路交叉口在高峰期 7:40~8:40 车辆在一个信号周期内的平均延误$\overline{t_{yi}}$为:

$$\overline{t_{yi}}=\frac{\sum_{i=1}^{27}t_{yi}\cdot q_i}{\sum_{i=1}^{27}q_i}=\frac{815145}{11799}=69(\mathrm{s})$$

从而得到通过此交叉口车辆的平均延误即对应着一个怠速停车过程。其怠速时间是 0 ~ 69(s),按 NO_x、HC、CO 的排放工况,以标准车型为例,其怠速排放一般可分为两部分,第一部分为时间段 $t_1 = 1 \sim t_2 = 18s$ 和(1 ~ 24s)段,第二部分为 $t_2 = 18(24) \sim t_3 = 69s$ 时间段,对第一部分在区间 $t_1 \sim t_2$ 对曲线积分。

$$\int_{t_1}^{t_2} E_{nox} \cdot dt = 5.50586$$

$$\int_{t_1}^{t_2} E_{hc} \cdot dt = 17.659$$

$$\int_{t_1}^{t_2} E_{co} \cdot dt = 222.945$$

对于在怠速区间 $\overline{t_{yi}} - t_2$ 的排放如下。

对于 NO_x:$(\overline{t_{yi}} - t_2) k_{nox} = (69 - 18) \times 0.0108 = 0.5508$

对于 HC:$(\overline{t_{yi}} - t_2) k_{hc} = (69 - 24) \times 0.431215 = 19.4047$

对于 CO:$(\overline{t_{yi}} - t_2) k_{co} = (69 - 24) \times 0.330443 = 14.87$

可知,在一个信号周期内,进入交叉口区域的车辆,平均每一辆车怠速状态下三种尾气排放量分别为:$e_{nox} = 6.05666mg$;$e_{hc} = 37.0637mg$;$e_{co} = 237.815mg$。

交叉口在一个周期内,全部抵达车辆怠速工况下排放为:

$$\begin{aligned} E_{nox} &= e_{nox} \cdot \sum_{i=1}^{27} q_i = 6.057 \times \frac{11799 \times 186}{3600} = 3692.44(mg) \\ E_{hc} &= e_{hc} \cdot \sum_{i=1}^{27} q_i = 22594.59(mg) \\ E_{co} &= e_{co} \cdot \sum_{i=1}^{27} q_i = 144975.59(mg) \end{aligned} \tag{4-28}$$

4.6.2 交叉口车辆绿灯加速行驶时的尾气排放计算

根据交叉口各通行方向上的绿灯时间,车辆到达率和路口通行能力确定绿灯时的通行的车辆数,根据路口长度或转向弧长判定车辆的加速时间,进一步根据前面工况排放率研究结果,根据车辆起动加速度确定车辆的排放率,按式(4-20) ~ 式(4-25)计算出 NO_x、HC、CO 三种气体一个信号周期的排放量列于表,从表中数据看出,加速工况下路口各方向车辆的尾气排放值为:$G_{nox} = 114.469g$;$G_{hc} = 8.571g$;$G_{co} = 371.734g$。

4.6.3 经过路口区域内巡航工况下的尾气排放

考虑车辆在路口停车线加速到对面停车线行驶距离为 H,按照图 4-9,将车辆在路口停车线继续匀速行驶一段距离,为匀速行驶距离。

车辆在四个方向上的平均排队长度 L 为:

$$L = \frac{l \cdot \sum q_i t_r}{27} = 78(\mathrm{m})$$

平均速度为 28km/h,测定约 10s 通过路口,全部车辆匀速运动工况排放为:

$$U = e_{yi} \cdot \frac{L}{V} \cdot Q_i \tag{4-29}$$

计算得到:$U_{nox} = 0.223\mathrm{kg}$;$U_{hc} = 0.1687\mathrm{kg}$;$U_{co} = 1.8\mathrm{kg}$。

4.6.4　交叉口区域内机动车尾气排放总量

在高峰期间,人民大街—解放大路交叉口,形成车辆密集群,在停车延误高和相应配时情况下,形成大量的机动车尾气排放源,一个信号周期内,其排放总量 W 为:

$$W_{nox} = E_{nox} + G_{nox} + U_{nox} = 341.162(\mathrm{g})$$

$$W_{hc} = E_{hc} + G_{hc} + U_{hc} = 341.162(\mathrm{g})$$

$$W_{co} = E_{co} + G_{co} + U_{co} = 341.162(\mathrm{g})$$

4.7　小结

本章对主干路中排放污染物最为严重,污染物易聚集的交叉口处进行了特殊研究,分析了在特定的交通状况,道路通行能力确定及一定信号控制措施情况下的车流运行规律,从而按照前面建立的车辆排放率模型,按照工况模式区分的减速制动、怠速、加速过程排放率来分析交叉口处的尾气污染;建立一套基于车流经过交叉口处所历经工况的排放速率的典型交叉口处的排放计算模拟方法,并将该方法运用在长春市重点交叉口解放大路交叉口进行了实例计算,结果显示解放大路交叉口交通流饱和情况下在一个周期内 NO_x 排放量为 341.62g,HC 排放量为 199.892g,CO 排放量为 2373.37g,计算数值表明,城市交叉口处是车辆尾气排放重要污染源,经分析对比,该数值比通常线源排放因子所计算数值大,为 5~8 倍。

第 5 章　区域排放定量分析及评价

如何准确评价现有交通基础设施下的机动车排放及延误情况，是在交通基础设施不变的情况下改善交通网络的环境质量以及运行效率的最基础性的工作。选择交通拥堵问题严重的典型区域作为研究对象，通过成熟的动态交通仿真软件 Paramics 仿真实时的交通流运行状况，与分车型不同比功率分区下的质量排放率结合可以为量化区域的排放状况提供必要支持。

5.1　微观仿真软件选择

交通仿真起源于 20 世纪 60 年代，是计算机技术在交通工程领域的一个重要的应用，是通过计算机建立数学模型来直观地反映实际道路复杂交通现象的技术和方法，最终建立较为真实准确反映实际道路及交通流状况的仿真系统。建立交通仿真模型及开发交通仿真系统是交通仿真研究的两个核心内容，其中交通仿真模型的建立要求能够真实地模拟实际路网的各种交通行为，如车辆的跟驰行驶、车道变换、超车行驶、信号交叉口配时控制等各种变化情况；为了使仿真系统达到可以完成交通规划、评价的功能，还要求交通仿真模型的建立要便于及时准确地反映全局路网的动态特性，以及能分析路网中实体之间的状态及相互之间的影响，并获得各种统计参数。

交通仿真是研究复杂交通问题的重要工具，当交通出现的问题无法用简单抽象的数学模型描述时，交通仿真的作用就显得尤为突出。

按照对交通对象描述的细节程度不同，交通仿真可分为微观模型、中观模型及宏观模型三种，如图 5-1 所示。

微观交通仿真以单个交通实体作为描述对象，既包含了宏观和中观模型的对路网的直观反映，又能够细致描述道路交通系统的交通环境及车辆实体等主要组成要素，对交通系统的细节描述程度是三种模型中最高的。它可以精确地反映实际道路上的交通状态，以及机动车在各种交通管控措施、交通事件时运行状态的变化，是目前解决许多交通问题直观、高效的方法。国内外交通业界在微观交通仿真领域进行大量的研究工作，开发了几十种微观交通仿真模型和多种交通仿真软件系统。表5-1针对其中常用的七种微观交通仿真模型进行比较。

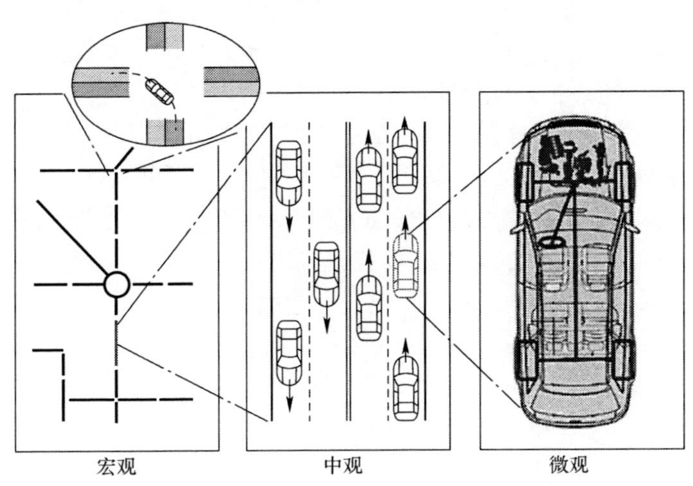

图5-1　交通仿真模型分类

七种常用微观交通仿真模型比较　　表5-1

比较类别	仿真模型						
	Paramics	Simtraffic	CORSIM	Vissim	AIMSUN	MITSMLab	Transmodler
匝道控制	有	无	有	有	有	有	有
交通事件管理	有	无	有	有	有	有	有
VMS	有	无	实现困难	实现困难	有	有	有
公交优先	有	无	实现困难	有	有	无	有
动态交通分配	有	无	实现困难	有	有	有	有
动态路线导行	有	无	无	实现困难	有	有	有
交通堵塞影响模型	有	无	无	有	有	无	有
天气影响模型	有	无	无	有	有	无	有
车辆发动机模拟	无	无	无	有	无	无	无

上述七种微观交通仿真系统各具特色。Synchro/SimTraffic主要用于交叉口信号配时仿真,缺点在于对大规模路网的仿真能力较差,因此Synchro/SimTraffic适用

于小规模的交叉口仿真；TSIS/CORSIM 在交叉口仿真方面功能稍差，但构建大规模路网较为方便快捷，同时具有开放源码，为研究人员进一步开发和改进提供了可能；Vissim、Paramics、AIMSUN 无论在交叉口仿真还是在较大规模路网仿真方面，都具有较高的效率；MITSimLab 模型结构合理，更适应于交通分配评价和交通流疏导，而且其绝大部分源码开放，非常适合研究人员用来进行交通仿真的研究；TransModeler 继承了 MITSimLab 的优势，增加了公交运输等模型，微观仿真能力较高，TransModeler 将微观、准微观和宏观仿真模型无缝集成，并与 GIS 集成，构成了一个强大的综合交通分析和管理工具，代表了微观交通仿真系统发展的方向。

Q-paramics 是由 Quastone 公司开发的一个微观交通仿真软件，可以再现单车在交通流中的整个运行状态。Paramics 主要由 6 个功能模块组成，分别是建模模块（Modeller）、处理模块（Processor）、分析模块（Analyser）、编程模块（Programmer）、排放监测模块（Monitor）和 OD 反估模块（Estimator）。其中每个模块的主要功能介绍如下：

（1）建模模块 Modeller：它是 paramics 的核心模块，主要用来提供建立交路网、微观交通仿真及统计数据输出等三大功能，可以提供用户良好的图形用户界面。Modeller 的功能涵盖了实际道路机动车特征以及交通控制手段各个方面，可以模拟单车在复杂、拥挤交通路网中的运行，同时也能对总体交通状况进行把握。

（2）编程模块 Programmer：它为用户提供了功能强大的应用程序接口（API），用户可以通过系统提供的接口函数来添加 ITS 子系统，编写交通管控措施控制算法等，描述交通策略变化对路网中驾驶人驾驶行为的影响，形成应用程序模块并嵌入仿真当中，从而对各种交通管理和控制策略进行设计和仿真。

（3）处理模块 Processor：本模块允许研究者用批处理的方式进行仿真计算，并得到统计数据输出。Processor 提供图形用户界面以设定仿真参数、选择输出数据和改变车辆特征。由于用批处理的方式进行仿真计算不显示仿真过程车辆的位置和路网，因此大大加快了仿真的速度。

（4）分析模块 Analyser：本模块用于直观显示通过 Modeller 或 Processor 仿真过程的统计结果。它采用直观的图形用户界面提供仿真结果的可视化的输出，例如车辆行驶路线、路段交通流量、排队长度、道路交通密度、速度参数和机动车延误，以及服务水平参数等。另外，也能生产数据报告以供使用者进一步的研究。

（5）排放检测模块 Monitor：本模块是利用 Programmer 开发的 API 模块，它可以跟踪计算仿真的交通路网中所有车辆尾气排放的数量，并在交通仿真过程中进行可视化的显示。尾气水平数据每隔一定时间写入指定的统计文件保存。从仿真中收集尾气排放数据，评价基于个体车辆的尾气排放。

(6) OD 反推模块 Estimator:本模块是用于 OD 反推和预测。

许多研究表明机动车的尾气排放量与车辆的瞬时速度、加速度密切相关。为了制定控制机动车尾气排放的有效策略,必须建立一个能够模拟车辆瞬间运行状况的微观模拟平台来评估机动车尾气排放,Q-paramics 可以以 1/2s 为时间间隔,追踪记录每辆车的位置(包括高度和坡度)、瞬时速度、加速度,也可以选择只在某些地点(使用 loop detector)收集瞬时速度和加速度。另外,也可以通过设置路径,来收集在一定时间间隔下,路径的各路段上车辆的平均速度,符合本书建立的排放模型的参数要求,因此本书采用其作为建立交通仿真模型的工具。

5.2　仿真区域选择

为了进行交通控制策略对排放的影响分析,需要选择区域和软件进行交通仿真模型的建立,这样既能模拟交通流的变化,也能仿真不同交通控制策略对机动车运行的影响,为比较不同交通控制策略下的机动车排放和延误奠定基础。结合车载排放测试数据分析区域排放特点,并确定排放热点作为交通管控措施的优化重点。

5.2.1　仿真区域分析

据统计,2009 年 1 月 ~8 月,全市新落籍机动车 50645 辆,单日最高车辆落籍 485 辆,平均每日落籍 292 辆,每天净增近 300 辆机动车。目前长春地区机动车保有量为 913663 辆,市区保有量为 399350 辆。同时长春市是全国省会城市中立交桥最少的城市,平交路口很多,完全通过交通信号灯分配道路通行权,车辆只能依次排队等候通行,交叉口通行能力较低,如自由广场、工农广场都已超负荷运转,必须等候信号灯通行,一旦遇到事故现场或路口堵塞就会形成连锁式堵塞现象。

从空间方面看,长春市易发生周期性交通拥堵的地点,主要集中在工农广场、人民广场、新民广场、站前广场、人民大街、西安大路、青年路、南湖大路、自由大路、延安大路、同志街、西安桥、芙蓉桥、西解放立交桥、宽平大桥等路口路段;从时间方面来看,夏季早、晚交通流量高峰时间为 7:00 ~8:30、17:00 ~18:00,冬季早、晚交通流量高峰时间为 6:40 ~8:50、16:00 ~18:30;从季节上看,冬季日出时间较夏季晚、日落时间较夏季早,人们出行的可视条件下降,导致车辆通行速度和道路通行能力下降,早、晚交通流量高峰时间延长,出现拥堵次数增多,其他时间段道路相对比较顺畅。其中红旗街—延安大街区域同时包含红旗街和延安大街两条红旗街商业圈的重要道路及拥堵严重的新民广场,平时的车流量比较大,在交通高峰时段经常会发生拥堵，很容易造成新民广场周边的交通不畅，影响了交通参与者的出行。

红旗街—延安大街环形区域包含了红旗街、延安大街两条车流量大，但只有双向四车道的主要道路，同时包括了新民广场、南湖广场两个具有五个入口的环形广场，如图 5-2 所示。

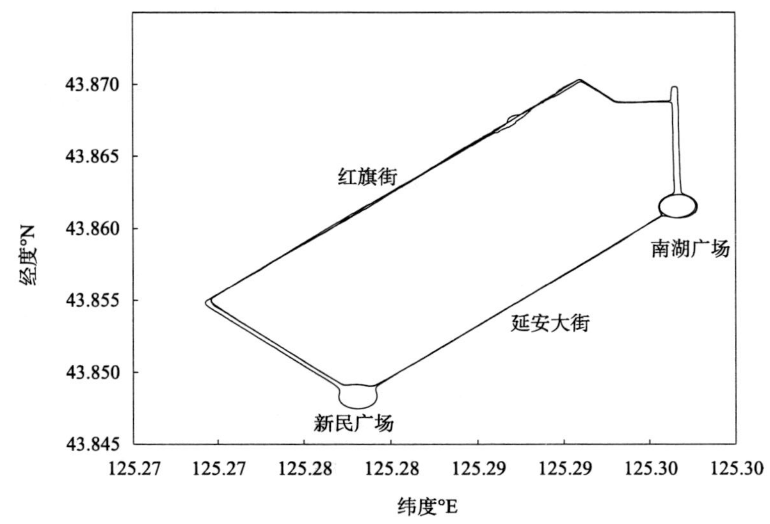

图 5-2　红旗街—延安大街区域 GPS 试验路线图

在车流高峰期，车辆通行非常不顺畅，具体分析红旗街—延安大街环形区域的交通特性如下：

(1)红旗街作为长春市的一个重要商业区，是社会经济活动高度密集的地方，集聚了大量的人流和交通流，既有较强的吸引力，又有很强的辐射力，产生了大量的“向心”交通，高峰时，交通流量可达 3110 辆/h，红旗街及湖西路由北向南晚高峰车流量大。其交通特性主要表现如下：

①交通流量大，交通方式复杂。商业区拥有大量的工作岗位、商业、娱乐场所、办公楼，公共设施的交通吸引力强。同时，由于交通枢纽的位置，所以有大量的人流、非机动车、机动车在此经过，交通构成复杂，组织混乱。

②昼夜交通量、人口反差大。商业区是第三产业集中的地区，易产生严重的“潮汐”式交通，尤其是在上、下班高峰，或者节假日，步行街区的多数路段和交叉口都处于高饱和状态。

③交通中转量大。商业区的公共交通网密度、站点密度、重复系数都相对较高，是公共交通网和道路网的枢纽位置，在本地区换乘的人数多。

④停车需求大，停车位不足。商业区吸引了大量的以中心区为终点的出行，人们因为中心区地价高，用地紧张，对停车场的投入力度不足，因此，无论是自行车还是机动车占道停车、路边乱停的现象都很严重，路外停车设施严重不足，影响到动态交通的运行。

⑤内部行人流量大，过街行人多。大量的百货公司、商场、文化娱乐中心吸引了很多的“游逛”性质的人流，他们随意在各种公共建筑里流动，为了减少步行距离，穿越了步行街区的各种干道，为干道上机动车辆和非机动车辆的行驶都带来了一定的困难。

⑥交通服务水平低，交通环境差。商业区用地紧张，寸土寸金，交通建设用地面积小，交通量大，行人、自行车、机动车相互干扰，造成道路服务水平低下，主要反映在车辆的行驶速度降低，交叉口车辆受阻严重。

(2)延安大街全长1.9km，路宽9km，双向四车道，全线自然行程8个路口(包括单位门口)，临街有6个大的小区，有两个单位和一个大学。由于高新区去往市中心都需要通过延安大街，而且早上人们需要经过延安大街上班和上学，晚上又要原路返回，使延安大街行程明显的“潮汐交通现象”，高峰时期交通量超过1300辆/h。早高峰时段，沿此路去向新民广场方向的车流超饱和；晚高峰时段，沿此路去向南湖广场方向的车流超饱和，是造成延安大街高峰期拥堵的主要原因。

(3)新民广场为环形交叉口，其中央设置中心岛，从工农大路、自由大路、新民大街及延安大街驶来的车流分别进入环岛，然后沿环岛逆时针绕行之后，从下游路口驶出环岛，尤其是早晚高峰时车流量非常大。该环形交叉口的设计通行能力为5470辆/h，最大通行能力为5324辆/h，实际高峰流量为5780辆/h。因此，目前新民广场经常发生交通堵塞在理论和实际上是相符的。新民广场环形交叉口的交通流有以下特点：

①在其入口处，右侧车道中绝大部分车辆直接右转驶入出口的右侧车道，少数车辆入环与出环车流相交，穿插进入环形车道；左侧车道中绝大部分车辆为左转或直行车辆，与出环车流相交，穿插进入环形车道。

②在其外侧车道中，绝大部分车辆为出环车辆，与入环车辆相交，穿插进入出口的右侧车道；内侧车道中，多数车辆绕环行驶，小部分车辆与入环车辆发生冲突，等待入环车流中的可穿插间隙，进入出口的右侧车道。

③随着流量的增加，进环车辆与出环车辆需寻找冲突车流的可穿插间隙交替通过，当流量较大，已无法满足可穿插间隙的需求时，车辆则会在冲突点前排队等候。

5.2.2 排放热点分析

排放热点区域指的是在交通网络中由于道路、交通控制或交通流特点的影响出现排放持续较高的区域。在交通排放热点区域的顺势排放为其他机动车行驶平稳区域的 7 倍左右,频繁的停车—起动会导致速度的瞬间的剧烈变化并导致高加速度的产生,进而出现排放热点。排放热点区域大多出现在如信号交叉口等交通拥堵严重区域,另外在环形交叉口在交通饱和的情况下也会表现为排放热点。

通过第 2 章搭建的车载排放测试试验平台,2009 年 10 月份在红旗街—延安大街区域的道路实测试验,整个行驶过程从新民广场开始到新民广场结束,时间总计大约 1200s,获得了实时排放数据与行驶状态数据对应的数据库。对选择区域进行交通状况分析和排放分析,由图 5-3 ~ 图 5-6 可知,在红旗街行驶时机动车的瞬时速度在 0 ~ 36km/h 的范围内,平均速度仅有 12. 14km/h,并且存在较多的加减速情况,在新民广场和南湖广场的平均速度只有 8. 3km/h;最大的延误出现在延安大街和红旗街。

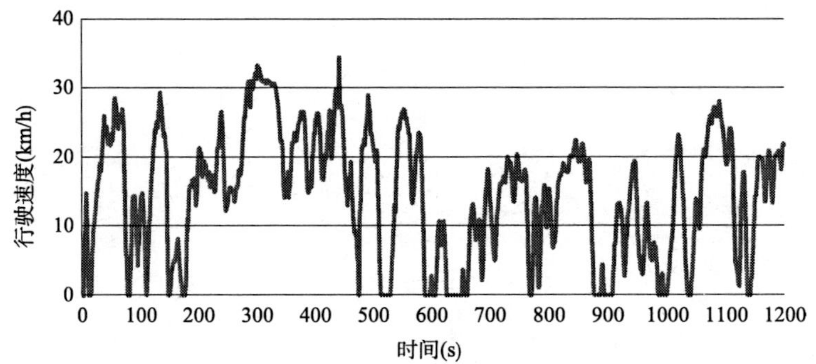

图 5-3　红旗街—延安大街环路行程速度随时间变化图

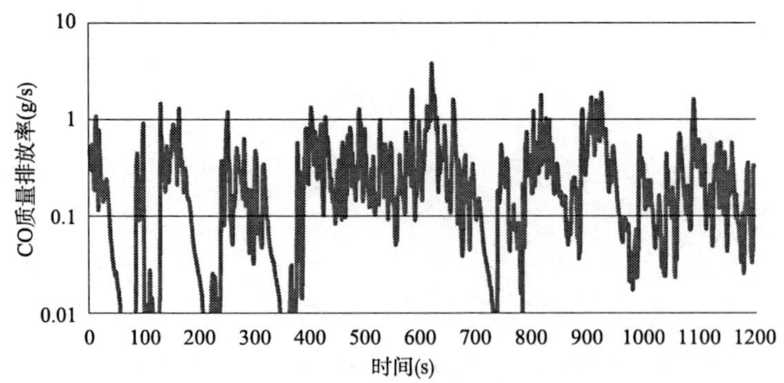

图 5-4　红旗街—延安大街环路 CO 质量排放率随时间变化图

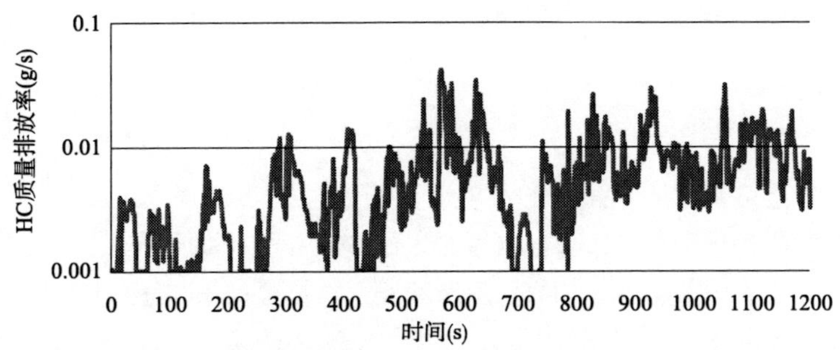

图 5-5 红旗街—延安大街环路 HC 质量排放率随时间变化图

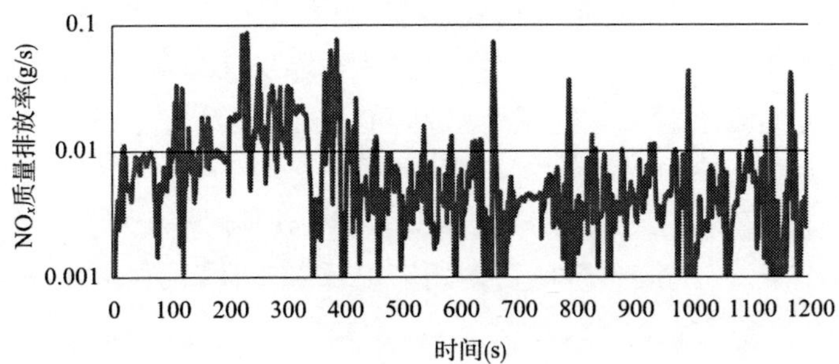

图 5-6 红旗街—延安大街环路 NO_x 质量排放率随时间变化图

NO_x 排放在整个行程中 90% 的时间低于 0.008g/s，在通过红旗街及新民广场、南湖广场区域时，有 10 倍左右的增加；CO 在整个行程中只有 17 次超过了 1g/s，最大的排放值为 1.62g/s，实际上大多数的 CO 高排放值与高加速值同时出现，在怠速或巡航状态值较低；HC 的随时间的质量排放率变化情况与 CO 基本一致，排放高峰基本上与 CO 出现在相似的区域。

由此确定红旗街、延安大街两条主要道路及新民广场、南湖广场两个环形广场为排放热点，其存在较多的加减速情况，交通流运行不顺畅。为了提供机动车更为平稳的交通流状态，缓解机动车在这些区域的排放情况，需要根据道路的路网条件、道路结构、交通流情况提供更好的交通管控策略。

5.3 仿真路网建立

想要建立准确描述区域道路结构及交通流运行状况的路网仿真模型，首先需要进行道路基础数据、信号交叉口配时情况、交通量等基础数据调研；进而建立准确描述道路之间拓扑情况的路网拓扑结构图；根据调研的各路段的交通量及转弯交通量进行 OD 反推获取各个交通小区之间的 OD 数据，这个工作通过 Estimator 模块实现。

5.3.1 基础数据调研

在进行交通仿真之前，需要输入车道数量、车道宽度、交叉口信号配时情况、高峰小时交通量及各进口转向比例、公交线路及站点等相关信息，其中公交相关信息可以通过公交站点设置及发车时间表来获得，有关道路和车流量的信息可以通过交通调查来得到。本书采用人工实地观察法，总共调查了包括南湖广场环形交叉口、新民广场环形交叉口、宽平大路与红旗街交叉口、红旗街与工农大路交叉口、新民大街与清华路交叉口、万宝街与红旗街交叉口、湖西路与延安大街交叉口、湖西路与红旗街交叉口共 8 个交叉口，调查地点选在各交叉口的入口停车线处，主要调查正常工作日晚高峰小时的交通量，考虑到 Paramics 软件输入的需要，需要记录的车型为轻型车和中型车。

选取天气晴朗的工作日，时间是 17:30 ~ 18:30，调查人员为 8 人，分为 4 组，每组两人负责两个交叉口，第一组负责南湖广场环形交叉口、宽平大路与红旗街交叉口；第二组负责红旗街与工农大路交叉口、新民广场环形交叉口；第三组负责新民大街与清华路交叉口、万宝街与红旗街交叉口；第四组负责湖西路与延安大街交叉口、湖西路与红旗街交叉口。从 17:30 同时开始计时，每个交叉口为 30min，选定 15min 为一时间段，即每小时为四组数据，主要记录车型为轻型车和中型车。

1) 道路结构和交通流量调查

本书总共调查了 8 个路口，分别在交叉口各个入口停车线处。绘制了如图 5-7 和图 5-8 所示的几何简图。

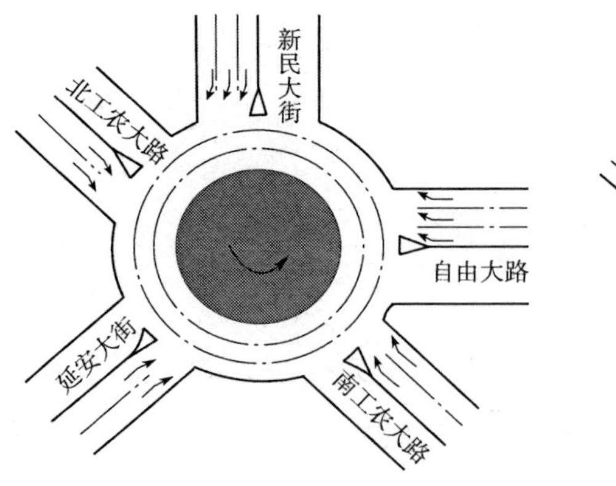

图 5-7 新民广场环形交叉口道路简图

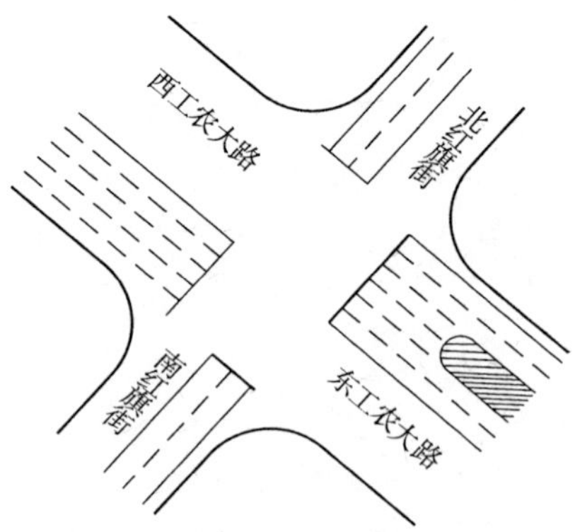

图 5-8 红旗街与工农大路交叉口简图

对调查到的数据,经过处理,获得了各条道路的车道数量、车道宽度、道路渠化情况及车流量转向比例等数据,以红旗街和工农大路交叉口为例,得到了表 5-2 所示的道路结构及交通流数据。

红旗街和工农大路交叉口道路结构及交通流数据　　表 5-2

进口名称	道路类型	车道数量×宽度(m)	坡度(°)	转向比例(%)			车流量(辆/h)
				左	右	直	
北红旗街	直行 左转	1×3.5	0	18.7	12.2	69.1	738
	直行 右转	1×3.5					
南红旗街	直行 左转	1×3.5	0	49.1	20	30.9	1320
	直行 右转	1×3.5					
东工农大路	左转	2×3.5	0	7.6	24.3	68.1	2124
	直行	2×3.5					
	右转	1×3.5					
西工农大路	直行	2×3.5	0	⊗	78.2	21.8	2172
	右转	2×3.5					

注:⊗表示该路段出口车流禁止驶入规定路段。

2)现有信号配时方案及相位图分析

以红旗街与工农大路交叉口的相位图和现有信号配时方案为例,得到了表 5-3 所示的现有信号配时周期时长及相位图。

红旗街与工农大路交汇处现有信号配时　　表 5-3

相　位	信号交叉口	信号周期长度 C(s)	绿灯时长 g(s)	黄灯时间(s)	绿灯时序
相位 1	工农大路直行、右转驶入红旗街	152	52	2	2~54
	绿 52 | 黄 | 红				
相位 2	东工农大路左转驶入南红旗街	152	43	2	56~109
	红 | 绿 43 | 黄 | 红				

续上表

相位	信号交叉口	信号周期长度 C (s)	绿灯时长 g (s)	黄灯时间 (s)	绿灯时序
相位 3	红旗街直行，右转，左转	152	51	2	111 ~ 153
	红		绿 51	黄	

注：图中为 17:30 ~ 18:30 高峰时段的信号配时方案。

通过对道路结构、渠化情况、信号配时现状的调查，可以实现对 Paramics 仿真软件参数的有效补充，并根据软件需要进行了处理，这些数据可以作为构建路网的基础。

5.3.2 路网拓扑结构图的建立

路网是车辆运行的载体，对路网拓扑关系、道路几何条件及交通控制手段的真实描述是微观交通仿真能够真实描述车辆运行状态的基础。Paramics 交通仿真软件可以提供良好的图形用户界面，交通分析模型采用节点(node)和路段(link)来构建路网，其中节点代表机动车运行状态发生改变的区域，路段代表机动车真实行驶的道路，通过信号控制(signal control)等工具模拟真实的交通控制。按照 3.2.1 节实地调查获得的路网结构情况、交通流组成及数量、转向比例以及区域内经过的 14 条公交路线可以建立如图 5-9 所示的路网拓扑结构图。

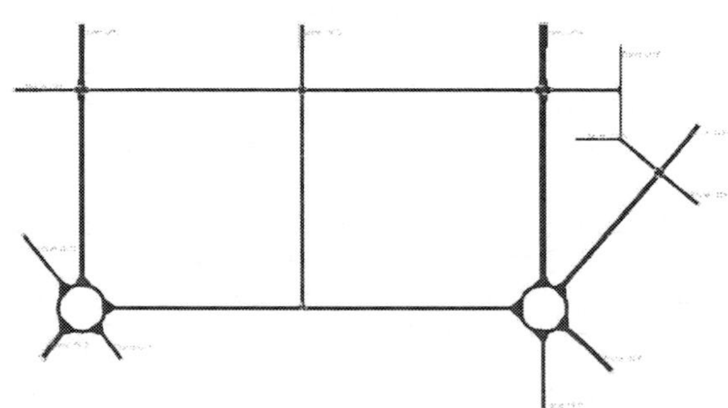

图 5-9 红旗街—延安大街区域路网拓扑结构图

区域路网拓扑结构图的建立主要包括三个步骤：

(1)节点和路段的建立。节点和路段是模型的基本组成部分。节点是指车道特征发生改变的地区，如交叉口、车道增加或减少的变化点、行人过街设施、弯道起终点等。路段则是把节点连接起来形成可供车辆行驶的车道。节点和路段在模型中用数字地图来定位。路段可以按照限速值、车道数量、主次干路等来分类。建立了由节点和路段构成的基本路网之后，可以进一步对道路布局作精确调整，应确保准确地反映道路的拓扑结构。实际仿真路网中，工农大路、宽平大路在交叉口入口存在道路拓宽，从而增加转向车道，例如工农大路与红旗街交叉口，工农大路从四车道拓宽为六车道，从而保证交通流更顺畅通过交叉口。

(2)道路交叉口的设定。模型中道路交叉口包括三种类型：无信号交叉口、信号控制交叉口和环行交叉口。车道范围设定之后，可以对交叉口进行信号控制或仍保留为无信号交叉口。前者必须设定相位和相序，而后者则只需设定交叉口优先等级。仿真区域共包含了5个信号交叉口，由于交通流量较大，信号交叉口往往是机动车延误产生的主要地区。

(3)公共交通的布置。公共交通服务对区域的交通流运行情况有着重要的影响，如果在模型中有相当数量的公共汽车运营服务，将会影响所经过路段和交叉口的性能及通行能力。因此，公共交通成为交通需求量的一个重要组成部分。公共交通布置不是交通需求OD矩阵的一部分，而是通过公共汽车线路编辑器加入的。编辑器可以定义公共交通的行驶路径，并设定运营时刻表。因此公共交通在模型中可以按预定时间在所分配的路径上行驶。车辆行驶时会经过模型中设置的公共汽车站。

通过以上三步建立的路网拓扑结构图，包含区域道路的车道数量、渠化情况、车道宽度、信号交叉口设置、交叉口信号配时情况、道路拓扑情况等物理特征，为通过modeller模块进行交通仿真奠定了基础。

5.3.3　路网OD数据反推

路网OD数据作为动态交通仿真的基础输入数据，如何根据道路交通流量准确预测各个小区之间的OD数据受到广大交通工作者的重视，从20世纪80年代开始，针对OD矩阵估计模型及其求解方法相继提出。综合国内外文献资料，目前基于城市交通网络的动态OD估计，主要通过分析路网OD量与路段断面交通量的关系，建立相应的估计模型。然而，通常情况下路段流量反映车辆道路选择的准确性不足，造成了计算结果精度较低。之后随着交通流理论的发展与技术革新，交叉口转向交通量也可以通过实地测量或估算获得，成为OD矩阵估计中新的输入量。分析OD量与交叉口转向交通量及路段断面交通量的关系，在此基础上建立了动态的OD估计模型，被证明能得到较为准确的OD数据。

Estimator是Paramics中一个独立的工具模块，它可以根据路网中各个道路节点之间线路(link)的车流量、转向车辆(turn)以及道路限制(cordon)等，推导出不同交通小区间的 OD 数据。通过实地测量,得到了各个道路节点之间的直行及转向车流量,借助 Paramics 软件中的 OD 反推工具 Estimator,可以得到各个交通小区(zone)之间的 OD 数据,图 5-10 所示为计算得到的区域路网 OD 数据。

	Zone 1	Zone 2	Zone 3	Zone 4	Zone 5	Zone 6	Zone 7	Zone 8	Zone 9	Zone 10	Zone 11	Zone 12	Zone 13	Total
Zone 1		390	50	150	30	20	90	20	20	20	20	20	20	850
Zone 2	150		20	100	10	10	80	60	40	40	200	335	200	1245
Zone 3	88	120		110	10	10	46	40	80	40	20	40	20	624
Zone 4	50	140	50		110	80	188	120	200	100	230	324	180	1772
Zone 5	10	10	10	30		108	60	200	68	40	20	20	20	596
Zone 6	10	10	10	10	10		10	10	10	10	10	10	10	120
Zone 7	35	70	30	200	10	10		0	80	60	60	80	60	695
Zone 8	0	0	0	0	0	0	0		0	0	0	0	0	0
Zone 9	114	160	180	350	20	10	80	60		180	244	330	160	1888
Zone 10	54	120	80	160	10	10	10	10	160		204	260	180	1258
Zone 11	35	120	80	210	20	15	140	60	120	20		120	100	1040
Zone 12	120	380	180	410	60	20	80	60	170	90	220		210	2000
Zone 13	95	140	40	180	10	10	150	40	230	190	110	150		1345
Total	761	1660	730	1910	300	303	934	680	1178	790	1338	1689	1160	13433

图 5-10　计算得到的区域路网 OD 数据图

5.4　区域排放定量分析

环境分析中,通常用排放总量和分担率来评价某种污染物或污染源对大气环境的影响程度,机动车的排放分析也不例外。因此,本节分为两部分,区域排放总量的计算以及三种车型对排放的分担率计算。

5.4.1　区域排放总量计算

通过结合 Q-Paramics 输出的交通流中单车的实时运行状况,包括速度、加速度与第 3 章建立的基于 *VSP* 的微观排放模型结合,计算路网区域内的机动车排放总量,并作为下面两章对比单向改造和信号配时优化对区域排放影响的依据。

在 Paramics 仿真软件中,所仿真的区域的排放总量就是各车型排放量之和。根据机动车车型与 Paramics 内置车型的对应关系,按照车长将仿真软件中的 1 ~ 11 类车(车长小于 6m)定义为轻型车,12 ~ 14 类车定义为中型车(车长在 8 ~ 11m),15 类 bus 定义为公交车。

将 Paramics 仿真时间定义为 1h,求解某一个路段的 1h 排放总量计算公式如下:

$$VSP = v[1.1a + 0.132] + 0.000302v^3 \tag{5-1}$$

$\forall: VSP \in VSPBIN_i, 1 \leqslant i \leqslant 10$

$$T_{Ej} = \sum_{i=1}^{m} T(p_{ij}) \cdot E(p_{ij}) \tag{5-2}$$

式中：T_{Ej}——某车型的排放总量；

j——三种车型（轻型车、中型车、重型车）；

p_{ij}——第 j 种车型处于的比功率分区为 i；

$T(p_{ij})$——第 j 种车型的在比功率分区 i 的时候的累计时间；

$E(p_{ij})$——第 j 种车型在比功率分区为 i 时的质量排放率。

整个区域的排放总量可以用下式计算：

$$Q=\sum_{j=1}^{n}T_{Ej} \tag{5-3}$$

式中：Q——区域排放总量。

通过 Paramics 中 modeller 对区域的交通仿真，选取并通过 vehicle tracer 追踪记录不同的车型，获得共计 1 万多个时间点（秒）的数据，其中包含了车型、速度、加速度，结合计算得到的分车型的比功率模型，通过统计计算，获得了表 5-4 所示的分车型的机动车区域瞬态排放率。

分车型机动车区域内三种排放污染物瞬态排放率　　表 5-4

参数 / 车型	CO (mg/s)	HC (mg/s)	NO_x (mg/s)
轻型车	2.2240	0.2233	0.6655
中型车	3.1924	0.3202	0.2034
公交车	4.8435	1.8053	18.7085

分车型机动车的累计行驶时间通过 modeller 仿真输出的 general 获取（由于输出时间轻型车和中型车为合计值，按车型比例进行分配）。通过区域内三种机动车排放污染物的瞬态质量排放率以及累计行驶时间，可以计算得到表 5-5 所示的三种污染物的晚高峰时段小时排放总量。

区域内三种机动车污染物的小时排放总量　　表 5-5

污染物	CO	HC	NO_x
总量（kg/h）	163.3647	19.4539	77.7018

比较区域内晚高峰不同机动车污染物排放小时排放总量，依次为 CO、NO_x 和 HC，三者比例大约 CO 为 62.74%，NO_x 为 29.79%，HC 为 7.47%，可见由于区域内机动车的行驶不畅以及 CO 排放率较大，造成了区域内机动车 CO 的排放最为严重，通过合理的交通组织和管理手段来缓解机动车运行不畅的状况，重点解决 CO 排放严重的问题是创建良好交通环境的关键。

5.4.2 分车型的排放分担率

根据城市机动车排放空气污染测算方法，机动车污染物排放分担率指机动车排放的某种污染物占该污染物排放总量的比率，以%表示

$$分车型排放分担率 = \frac{Q_{jw}}{\sum_{j=1}^{n} Q_{jw}} \times 100\% \tag{5-4}$$

式中：Q_{jw}——车型 j 的第 w 种排放污染物区域累计排放量。

通过交通仿真输出的机动车实时运行状况，结合基于比功率的微观排放模型计算得到的分车型的排放分担率如图 5-11 所示。

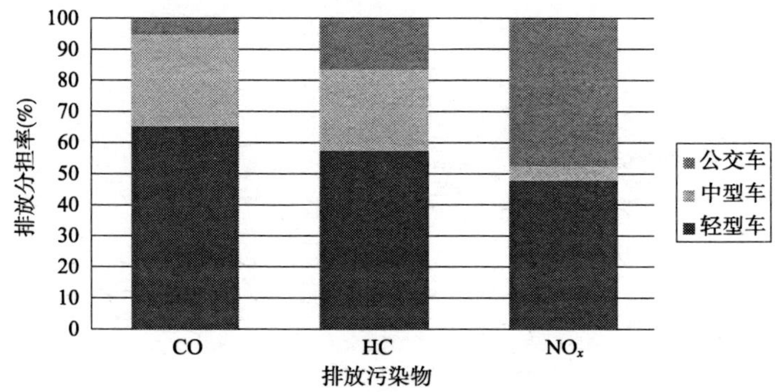

图 5-11 区域分车型排放分担率

计算得到仿真区域内三种车型的三种排放污染物的分担率中，轻型车贡献了大部分的排放，这与它的占有率高有关，而占有率比较低的公交车也贡献了很高的 NO_x 排放份额，这与其远高于轻型车和中型车的质量排放率有关。具体的结果分析如下：

(1) 对于 CO 来说，轻型车和中型车贡献了排放的绝大部分，分别达到了 64.15% 和 28.98%，公交车只有 4.88%，表明轻型车和中型车是 CO 排放控制的重点。

(2) HC 的排放和 CO 规律相似，轻型车和中型车分别占据了 54.10% 和 30.62%，合计占据了 84.72% 的份额，与此同时公交车贡献了 15.28% 的份额。

(3) NO_x 的排放，占有很少份额的公交车与轻型车的分担率相当，这与公交车的 NO_x 质量排放率大约是轻型车的 30 倍有直接的关系，因此如何控制公交车的 NO_x 排放是治理的重点之一。

不同类型的车辆在机动车污染物排放量中所占的比例表现出显著的差异。其

中占据除公交车外机动车数量76%份额的轻型车，占据排放的绝大部分；在NO_x的排放分担中，公交车占有相当的比例。因此，重点控制轻型车和中型车的CO和HC排放情况，同时对公交车的NO_x排放进行控制是削减机动车排放、改善环境的重点。

5.5 交通运行状态分析

通过基础数据的调研，利用Paramics建立了红旗街—延安大街区域的路网拓扑结构图，但在进行与机动车排放模型结合来量化排放总量之前，首先需要现有交通延误的评价指标；进而分析在现有状态下的区域主要路段及区域的交通延误情况。

5.5.1 交通运行参数确定

延误是指行驶在道路上的机动车由于道路环境、交通管控措施及周围行驶车辆的干扰而造成行驶时间的增加，通常以秒或分钟计，它是反映交通流运行效率的重要指标之一。固定延误和控制延误通常作为优化机动车运行状况的主要指标。固定延误是由信号灯等交通控制手段以及交通标志等固定手段一起的延误，它的产生和大小与目前的交通流运行状况没有关系，主要发生在交叉路口。控制延误是控制设施引起的延误，对信号交叉口而言是车辆通过交叉口的行驶时间和车辆以畅行速度通过交叉口的时间之差，如图5-12所示。

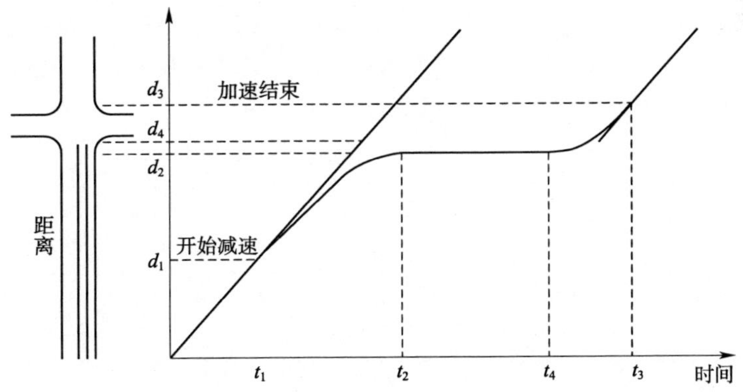

图5-12 交叉口控制延误示意图

控制延误$=(t_3-t_1)-(d_3-d_1)/v$。其中v为自由流车速。由于控制延误能够综合反映交叉口的运行状况。

在使用 Paramics 软件进行仿真过程中,需要根据车辆的位置、速度和加速度采取不同的运行状态。在 Paramics 软件通过 Analyser 分析器进行延误的计算时,延误时间反映的是由于拥挤或停滞而使道路使用者增加的行驶时间,为仿真行驶时间与在自由行驶时计算得到的行驶时间之差,即为控制延误。

为了评价现有的交叉口延误情况,并比较交通组织和管理手段实施以后带来的区域机动车运行的改善情况,选择调研中拥堵比较严重的红旗街—工农大路交叉口的东入口和南入口、延安大街—南湖广场路段及延安大街—新民广场入口为研究对象,选取车辆平均行驶延误(link delay)、信号灯前车辆平均排队长度以及最大排队长度作为评价指标。另外计算时的车辆排队信息是以 Passenger Car Units (pcus)而不是以 Vehicles 为单位显示的。信号灯前车辆排队长度分为车辆最大排队长度和平均排队长度,本书采用的最大排队长度是某一进口道各条车道最大排队长度的平均值。

同时利用 Paramics 软件中的 Processor 工具,分析整个区域在交通流重新组织前后的交通运行情况,选定轻型车及中型车平均速度、公交车平均速度、所有车辆平均速度、轻型车及中型车平均延误、公交车平均延误、所有车辆平均延误作为评价指标。

5.5.2 交通运行参数计算

相关研究表明,Paramics 软件适用于国内道路交叉口延误计算,Paramics 软件拥有交叉口模型,能够较详细地描述车辆行为,进口控制延误数据与点样本法计算得到的停车延误相差不大,基本能够反映实际的交通状况的延误情况。通过 Processor 工具和 Analyser 分析器的综合使用,得到了表 5-6 所示的区域主要路段延误情况及表 5-7 所示的区域现状下的交通延误情况。

区域主要路段交通运行状况 表 5-6

交 叉 口	入口	平均行驶延误(s)	平均排队长度(pcus)	最大排队长度(pcus)
红旗街与工农大路交叉口	东路段	79.3	23.8	34.3
	南路段	98.2	26.4	38.6
延安大街与新民广场	广场入口	67	21.2	32.2
	湖西路口	43	13.6	18.9
延安大街与南湖广场	广场入口	53	18.4	26.4
	湖西路口	39	14.3	21.1

区域现状下交通运行状况　　表 5-7

参　　数	值
轻型车及中型车平均速度(km/h)	11.82
公交车平均速度(km/h)	8.81
所有车辆平均速度(km/h)	11.69
轻型车及中型车平均延误(s)	438
公交车平均延误(s)	769.21
所有车辆平均延误(s)	451.94

5.6　小结

本章在确定交通仿真区域的基础上,结合基础调研数据采用 Q-Paramics 交通仿真软件建立了红旗街—延安大街区域的网络拓扑图,并通过路段交通量和转弯量进行 OD 反推获得了各交通小区之间的 OD 数据;通过对实时交通流仿真状态信息采集,结合微观排放模型定量评价了区域的排放总量以及各种车型的分担率,比较区域内晚高峰不同机动车污染物排放小时排放总量,依次为 CO、NO_x和 HC,三者比例大约 CO 为62.74%,NO_x为29.79%,HC 为7.47%;其中占据除公交车外机动车数量76%份额的轻型车,占据排放的绝大部分,在 NO_x的排放分担中,公交车占有相当的比例;确定交通运行特征参数,并计算得到了区域主要路段和总体的交通运行状况。这为针对车型确定实施相应的交通管控措施奠定了理论基础。

第6章　单点交叉口机动车排放优化研究

交叉口是城市路网中最常见、最普遍、最直接的交通拥堵发生源，同时也是交通事故多发地点，它阻滞了交通的流畅，降低了道路的通行能力。据统计，约有59%的交通事故发生在交叉口上，在所有交通事故类型中居首位。而且大量的理论计算和数据调查表明，平面交叉口的通行能力实际上只有路段通行能力的23%～45%。因此，对平面交叉口的通行能力进行分析进而进行控制策略的优化，是缓解目前城市交通拥挤和阻塞的主要技术措施之一。

饱和度较大的信号交叉口是尾气污染最严重的区域，燃油消耗也很大，建立信号交叉口交通质量、尾气污染整体最优配时的方法，既具有理论意义，又有符合交通可持续发展目标的实用价值。以TSIS仿真软件为突破口，对长春市工农广场交叉口的信号配时进行优化研究。

6.1　TSIS软件概述

TSIS(Traffic Software Integrated System)是美国联邦高速公路局(FWHA)自20世纪70年代以来一直重点支持下开发而成的微观交通流仿真软件。TSIS经过40余年的开发、实践和改进，在国际交通流仿真软件中占有很重要的位置。

TSIS有很多版本，2001年推出的TSIS5.0是一个基于Windows窗口的集成的开发环境，它能使用户方便进行各种交通网络的设置、操作和分析。TSIS5.0主要由Tshell、TRAFED、CORSIM和TRAFVU四个模块组成，如图6-1所示。

CORSIM(CORridor SIMulation)是TSIS的核心部分，采用能够真实再现动态交通的随机交通仿真模型，以1s为间隔模拟车辆的运动。CORSIM模型还综合了两个微观仿真模型，即用于城市道路的NETSIM和用于高速高速公路的FRESIM，因此CORSIM能够仿真城市道路和高速公路。由于本书侧重于城市道路，所以在后面将会详细介绍一下NETSIM模型。

6.1.1　TSIS的输入输出系统分析

1)输入系统

TSIS之所以能够在美国及其他国家得到广泛的应用，与其友好的用户输入输出界面和完善的模型体制是分不开的。ITRAF 和 TRAFED 为 TSIS 提供了两种图形用户输入界面,能够使用户很方便地设定交通环境。特别是 ITRAF,它是一个图形化的输入编辑器,通过 NETSIM 来校验输入数据。ITRAF 可以通过图形用户界面生成交通环境,并且支持 NETSIM 微观仿真器。图 6-2 给出了 ITRAF 的图形输入界面。

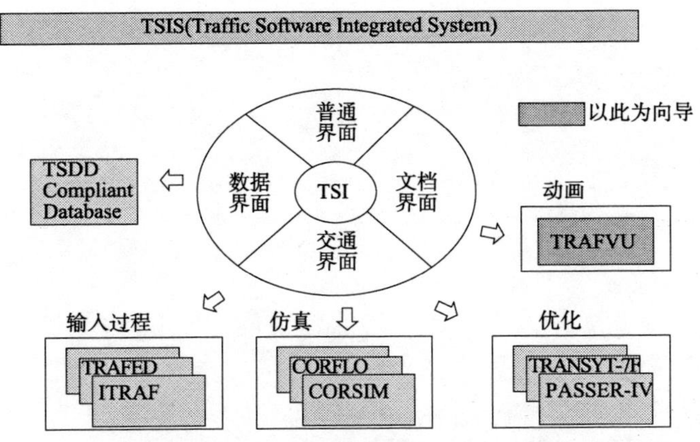

图 6-1　现今以及将来的 TSIS 组成框架图

图 6-2 中的交通环境由点和单向线段所构成的路网来表示。线段常用来表示城市街道或高速公路,节点常用来表示城市交叉口或道路几何性质的转变点或车辆生成点,但是不同性质的节点编号范围不同,例如,表示车辆生成点与驶出点的节点编号为 8000 ~ 8999,而路网内部交叉口节点的编号为 1 ~ 1000,位于高速公路路网和城市道路网之间的分界点编号为 7000 ~ 7999。

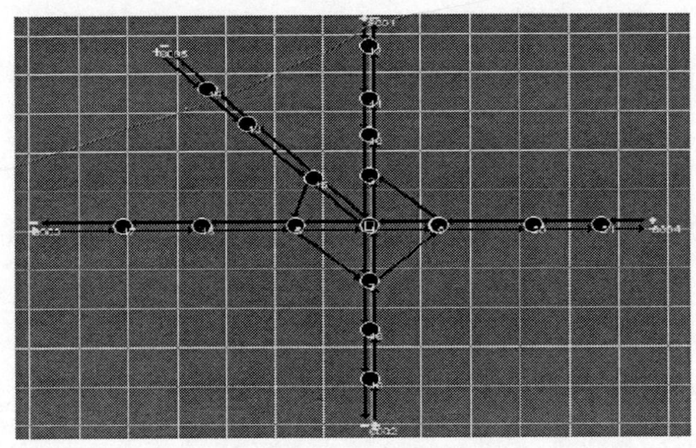

图 6-2　ITRAF 的图形输入界面

2)输出系统

TRFVU 是一个友好的 TSIS 用户输出处理器,它能够显示路网、仿真进行中的交通状况、信号灯、公交车站点、公交车行驶路线、停车场等。它通过不同的图例在路网显示窗口表示不同的交通元素,另外还可以通过右击车辆对象,来跟踪了解该对象的运行情况。图 6-3 所示为应用 TSIS 进行仿真所截取的一个画面。

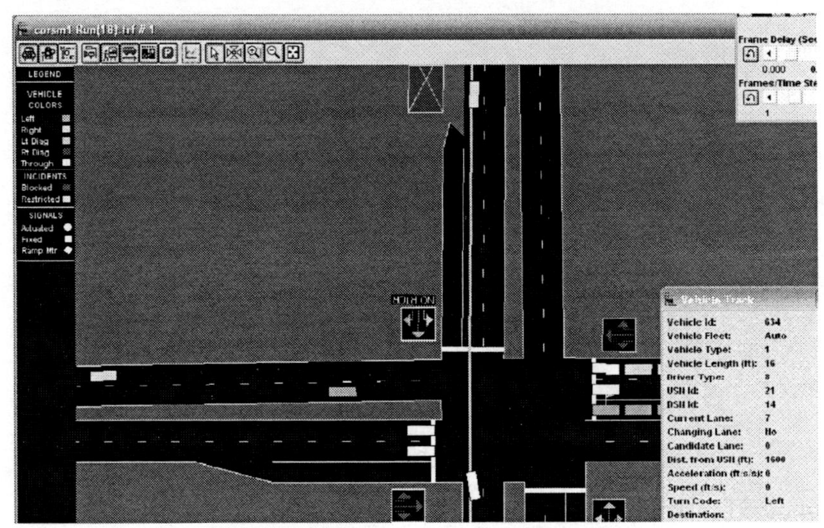

图 6-3　TRFVU 的图形输出界面

CORSIM 包括四个主要部分:输入数据、初始化结果、中间结果和最终结果。中间结果和最终结果包括 NETSIM 和 FRESIM 子网的独立输出部分。NETSIM 还包含指定时间段的输出部分。自仿真开始时起,将所有的输出结果累积起来,中间结果在用户制定的时间段结束时有选择的输出。中间结果和最终结果都包含在用于评估交通系统的效率度量(MOE)之中,具体的效率度量指标可以参见 TSIS 说明,在此不再赘述。

6.1.2　NETSIM 模型简介

NETSIM (Traffic Simulation System in Network Simulation Model)是一个描述单车运动、时间扫描的网络微观交通仿真模型,其对城市道路交通现象的描述精度达到了一个新的高度。NETSIM 模型经过多次的版本升级,其功能日趋强大,至今为止,NETSIM 模型仍是目前应用最为广泛的仿真模型。表 6-1 为 NETSIM 的基本情况。

NETSIM 情况一览表　　表 6-1

应用领域	广泛应用于动态交通控制与管理系统方案优化以及交通工程相关领域的理论研究
交通现象和对象	跟车行驶、变换车道、车流冲突、公交运行、短车道溢出、占道停车等
交通控制和管理	定时信号控制、自适应控制、感应信号控制、事故检测与处理、主/次优先控制、车道关闭等
评价指标	运行效益指标:延误、速度、行程时间、排队长度、排队溢出、换车道次数、停车次数、停车比例、控制延误等;安全指标:车头时距等;环境指标:污染物排放量等;技术性指标:油耗等
输入输出界面	采用文本输入格式来描述诸如节点、路段、交通信号、路径、车辆到达率等;提供了路网拓扑结构和几何数据的图形输入界面;具有动画演示输出功能,可输出文本
路网大小	路网大小为,500 个节点、1000 个路段、最大路段长度 9999ft,99 个公交站点,一个时间步长范围内限 20000 辆车,整个仿真过程中的车辆数不限
仿真技术	时间扫描方式的微观仿真,采用 Fortran 语言进行编程
运行环境	W95/98/Me/NT4/2000/XP
局限性	模型描述:没有描述 U 形转弯、没有描述自行车、没有描述公交先行、没有描述全程路线选择、模型不支持环交、没有描述轨道车辆、没有描述事故发生后的路线诱导、没有直接描述车道宽度的减少对车辆运行的影响等

1)跟车模型

式(6-1)为 NETSIM 的跟车模型,可用对驾驶行为的一般感性假设来标定模型,大多数情况下只需知道驾驶人将采用的最大制动减速度,就能满足整个模型的需要是该模型的最大优点。

$$h = h_j + \Delta s + \Delta r + s_F - s_L \tag{6-1}$$

$$h = h_j + u\Delta t \tag{6-2}$$

式中:h——前后车之间的车头间距,km;

h_j——车队中前后车之间的车头间距,km;

Δs——时间 Δt 内后车的行驶距离,km;

Δr——后车在反应时间内的行驶距离,km;

s_F——后车所需的停车距离,km;

s_L——前车所需的停车距离,km;

u——前后车的行驶速度。

由于前后车等速即以恒定的速度行驶(稳定流速度),并且明确给定了它们的停车距离,所以在稳定行驶状态下可以将式(6-1)简化成式(6-2)。而且不需要驾驶人反应。图6-4为式(6-1)的跟车时空分析图,其中T为后车驾驶人反应时间。

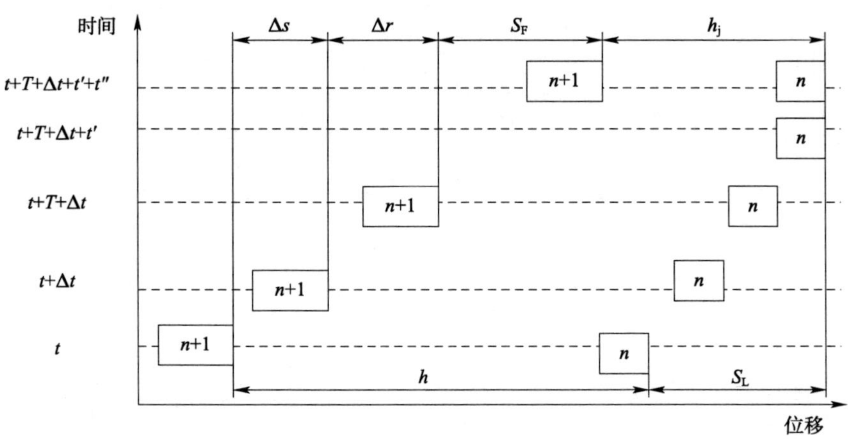

图6-4　跟车时空分析图

2)换道模型

事实上,如果驾驶人计划换车道,那么程序将会探测是否存在利于换车道的条件优势,并且是否可能进行强制换道。为了估计单个驾驶人计划换车道的意图,模型考虑了驾驶人将会进行车道变换的车头时距的临界范围。

(1)车头时距很小以至于所有驾驶人都打算换道。

(2)车头时距很大以至于没有驾驶人打算换道。

定义这个范围以后模型将计算驾驶人现在距离前车的车头时距,并且将此值与产生换车道的车头时距范围进行比较来估计每个驾驶人计划换车道的意图。

另外,在决定驾驶人现在是否将要产生车道变换意图时,对驾驶人可接受的风险度进行估算是十分必要的。在车队头车或者跟随车辆在目标车道产生"紧急"减速事件中,这个风险表示为驾驶人可接受的最大减速度。可接受风险是驾驶人所处位置相对于迫使驾驶人产生车道变换对象的函数;也就是说车辆与迫使它产生车道变换对象距离越近,驾驶人可接受减速度就越大。NETSIM中是根据驾驶人可接受风险值来评价间隙是否为可接受间隙的:

$$S = D_{\min} + (D_{\max} - D_{\min})\frac{\sqrt{U - U_{t}}}{1 - U_{t}} \tag{6-3}$$

$$U = \frac{DAF \cdot NLC \cdot V_{f}^{2}}{20(x - x_{0})} \tag{6-4}$$

$$V_t = V_f(0.7 \times DAF) \tag{6-5}$$

式中：S——可接受风险；

D_{min}——可接受的最小减速度；

D_{max}——可接受的最大减速度；

U——风险系数；

U_t——风险阈值，m/s^2；

DAF——［1.0+（驾驶人类型-5.5）］/FDA（FDA 为驾驶人倾向指标）；

NLC——变换车道所需的次数，判断性换车道为1；

V_f——车辆的自由期望运行车速；

x——车辆当前位置；

x_0——引起换车道行为的目标所在位置；

V_t——驾驶人的忍耐速度。

6.2　工农广场微观交通仿真

前面提及的TSIS微观交通模拟软件包是一种能直观地模拟路段、网络中的车辆运行，并能生成动画文件及反映延误值、排放及排队长度的文件，具有诸多优点的软件包。该软件为交通网路的规划及优化提供了快捷而又科学的模拟和研究工具。本章即采用该交通仿真软件对实际交叉口交通运行状况进行仿真模拟及优化研究。文中在对长春市工农广场交叉口的交通现状进行大量调查的基础上先对该交叉口的交通现状进行仿真模拟，并将仿真结果与该交叉口交通现状对比，以验证TSIS软件对该交叉口模拟的有效性和精确性，然后根据相应的交通工程理论及有关的交叉口设计及规划理论对该交叉口提出信号配时优化方案，并利用该仿真软件对各优化方案进行仿真模拟，且对模拟结果进行分析，并综合考虑其他指标（例如延误）对各优化方案进行对比评价，从而找出最佳优化配时方案。

6.2.1　工农广场交通现状

长春市工农广场是一个五路交叉的平面交叉口，交通流量很大。由人民大街北口可开往人民大街南口、南湖大路东口、南湖大路西口及工农大路四个方向；南湖大路东口也可开往人民大街北口、南湖大路西口、人民大街南口和工农大路四个方向。南湖大路东口由于车流量很大，相对来说工农大路与南湖大路西口的车道又较少，致使在车辆放行的过程中交通运行不畅。同时人民大街北口左转车流、南湖大路东西进口的左转车流均需从对向直行车流的间隙中穿过，导致整个交叉口，尤其是高峰期间交通运行混乱，拥挤不堪。人民大街北口、南湖大路东口的车辆在通过交叉口时需排队等候两个或两个以上的信号周期，严重影响了真个交叉口的顺畅运行，图6-5直观地显示了工农广场行车高峰时的交通运行实况。

要进行交通仿真模拟，首先得对工农广场的交通现况进行调查，以获得仿真所需数据，并要保证这些数据对仿真模拟和经验计算的充分性和有效性。

图6-5 工农广场早高峰实况图

6.2.2 基础数据采集与分析

本文在对长春市工农广场的交通调查中，采用车载排放测试仪OEM-2100以及GPS测得单车通过交叉口的速度、加速度、排放及停车延误等实际数据，交叉口的几何条件应用卷尺测量而得，采用人工计数、秒表计时与摄像机实况摄录等方法来获取交通调查中所需的其他数据，所有的实地调查都是在天气晴朗，气候差异不大的9月下旬进行的。

1)交叉口单车的行驶速度

由于实验数据庞大以及侧重点不同，而且在交叉口处车辆严格遵循跟车模型与换道模型，本章只选择捷达车代表车型，时段选择早晚高峰及平峰时期，路段也只选择南湖大路东进口左转进入人民大街南口来说明在工农广场上实际车辆的行驶速度，以此来阐释工农广场的阻塞状况。综合分析实际数据，分别得出小型车在早、晚高峰期以及平峰期的速度如图6-6～图6-8所示。

从上述的速度—时间图中，不难看出车辆在工农广场的行驶状况，即车辆在此交叉口处通行不畅，多次停车起动，怠速时间长，尤其在晚高峰时期其最高车速只能达到39.4km/h，期间共停车四次，依次为4s、13s、35s、132s。而在早高峰和平峰期时其最高车速也只能达到47.1km/h和49km/h,况且小轿车具有车体较小,起动灵活,载质量轻等优点,其车速均没有超过50km/h,由此可见各种中型车(合成车)乃至大型车(包括各种公交客车和载货汽车)其运行速度就会更小,起动停车次数多不仅使车辆延误增加,而且还会使驾驶人产生烦躁、疲倦的心理,更会使汽车油耗及排放急剧增加,严重影响道路交通环境。

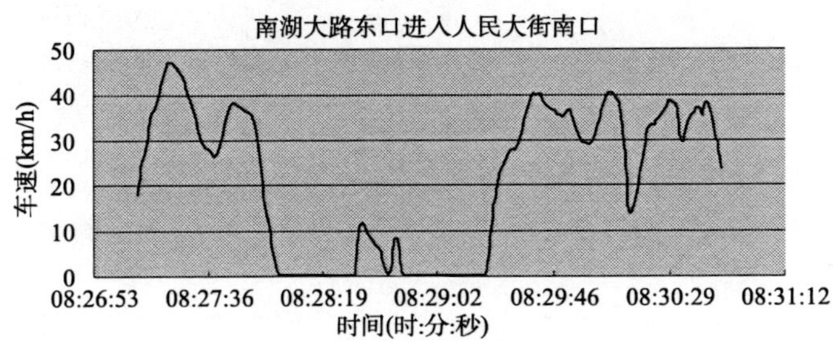

图6-6　捷达车早高峰车速图

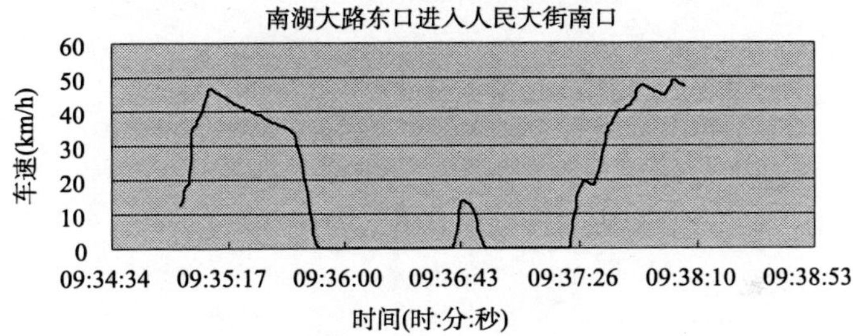

图6-7　捷达车平峰车速图

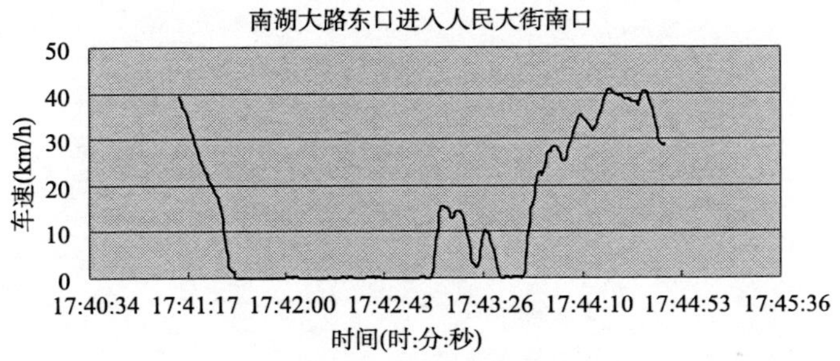

图6-8　捷达车晚高峰车速图

2)工农广场交叉口各进口的排队长度

通过实地调查早高峰数据,依据车辆的实际长度不同,近似地将一辆大型车所占道路长度按照两辆小型车所占用道路长度进行处理,得出的工农广场交叉口各个进口的实测排队长度如图6-9所示。

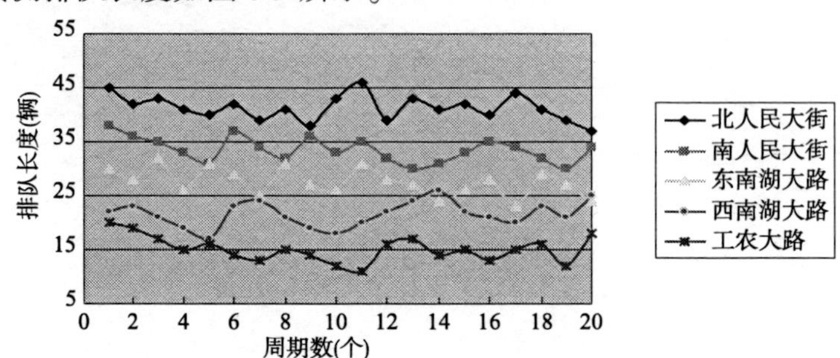

图6-9　工农广场各进口的实测排队长度

注:图中命名人民大街北进口——北人民大街;人民大街南进口——南人民大街;南湖大路东进口——东南湖大路;南湖大路西进口——西南湖大路;工农大路进口——工农大路。如无特殊说明文中均用此表示。

由图6-9可知,原交叉口各个进口均有较长的排队,以南湖大路东进口和人民大街北进口尤为严重。这种状况必然导致车流运行不畅,延误增加,进而使整个交叉口通行能力过低,从而影响道路通行能力的正常发挥。

3)工农广场交叉口的平面图

通过实地调查,制得简图如图6-10所示。

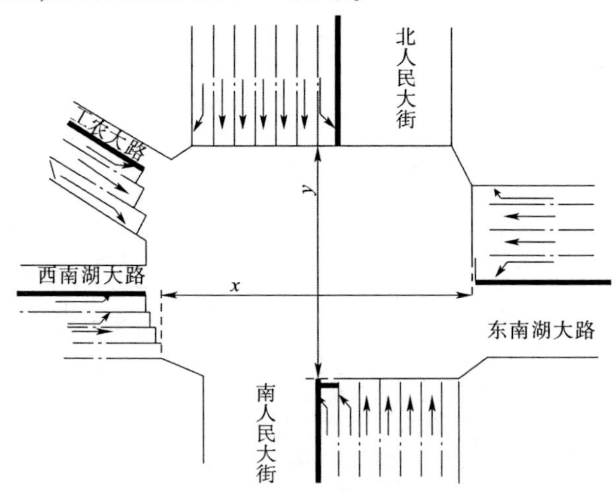

图6-10　工农广场交叉口几何简图

注:$x=78\text{m}$,$y=66\text{m}$

4)工农广场的道路几何条件和交通条件

通过调查,表6-2为工农广场的道路几何条件和交通条件。

工农广场路口的道路几何条件和交通条件　　表 6-2

进口名称	车道类型	宽度(m)	坡度(%)	车型比例(%)			有无停车站(m)	交通量(veh/h)	交通量(pcu/h)	两侧绿化带(m)	饱和度
				大型车	中型车	小型车					
人民大街南进口	→	3.0	0	8.1	16.5	75.4	无	2832	3296	5.0	1.08
	→	3.0									
	→	2.75									
	→	2.75									
	→	5.0									
	→	3.0									
	→	3.0									
	→	3.0									
	→	3.0									
人民大街北进口	→	2.75	0	10.2	21.3	68.5	260	2136	2582	5.0	1.10
	→	2.75									
	→	5.0									
	→	3.0									
	→	3.0									
	→	3.0									
南湖大路东进口	→	3.0	0	4.2	17.3	78.5	无	2292	2587	3.0	1.20
	→	3.0									
	→	3.0									
	→	3.0									
	→	3.0									
	→	3.0									
南湖大路西进口	→	3.0	0	4.8	21.9	73.3	100	1260	1458	无	1.17
	→	3.0									
	→	2.9									
	→	2.9									
	→	3.0									
	→	3.0									
	→	3.0									
工农大路进口	→	3.0	0	3	20.9	76.1	75	804	912	无	1.12
	→	2.9									
	→	3.0									
	→	3.0									

注:饱和度的计算可参见下式:

$$X = \frac{q \times C}{S \times g}$$

式中：X——饱和度；

C——信号周期长；

S——饱和流率；

g——绿灯时长；

q——交通量。

5）现有信号配时方案及相位图

表6-3为工农广场现有信号配时方案，图6-11所示为现有信号配时相位图解。

工农广场交叉口的信号配时方案 表6-3

相位	信号交叉口	信号周期长度 C（s）	绿灯时长 g（s）	黄灯时长（s）	绿灯时序
相位1	东、西南湖大路直行；东南湖大路右转进入工农大路	190	43	2	2～45
	红 绿 黄 红				
相位2	西南湖大路直行，左转	190	11	0	47～58
	红 绿 红				
相位3	东、西南湖大路左转；北人民大街右转入西南湖大路	190	33	2	60～93
	红 绿 黄 红				
相位4	南、北人民大街直行；工农大路右转入南人民大街	190	36	2	97～133
	红 绿 黄 红				
相位5	北人民大街直行，左转；工农大路右转入南人民大街	190	18	0	135～153
	红 绿 红				
相位6	南、北人民大街左转；工农大路右转入南人民大街	190	34	1	155～189
	红 绿 黄				

注：此表为该交叉口上午6:50～9:00高峰时段现行的信号配时方案。后面各节中的信号配时表示方法均同此。

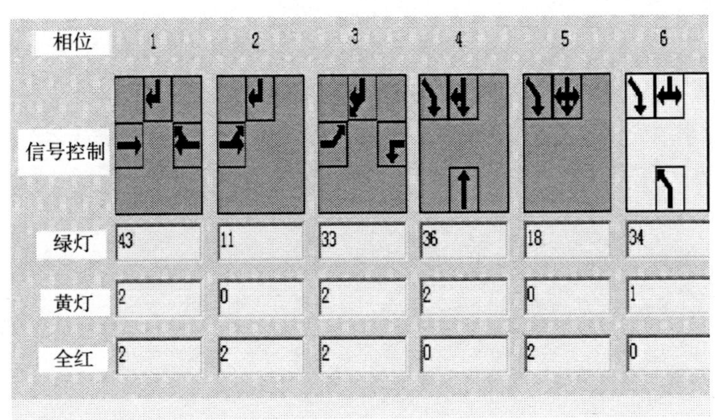

图6-11 现有信号配时相位图解

6)工农广场交叉口的车流转向比例

表6-4为工农广场交叉口早高峰各进口转向比例。

工农广场信号交叉口早高峰各进口转向比例 表6-4

进口名称	转向比例(%)				
	人民大街北	人民大街南	南湖大路东	南湖大路西	工农大路
北人民大街		51	35.6	12.4	1
南人民大街	38.2		32.4	⊗	29.4
东南湖大路	31.7	16.8		30.7	20.8
西南湖大路	36.8	7.1	56.1		⊗
工农大路	⊗	89.3	⊗	10.7	

注:表中⊗说明此路段出口流量禁止进入规定路段,例如南人民大街进口的车流量禁止驶入西南湖大路。

至此已完成了工农广场交叉口交通数据的采集和整理工作,然后要在此基础上应用TSIS交通仿真软件对该交叉口的交通现状进行模拟。以下是采用TSIS软件进行仿真模拟的简要步骤。

(1)据实测的交叉口几何数据画出交叉口网络图,包括连接节点、拓宽长度(pocket)、车道数、车道宽度等组成元素。

(2)根据与交叉口连接道路车辆的行车要求(如直行、转向等)添加或编辑行车路线。

(3)根据实际调查数据添加各入口流量及转向比例。

(4)定义交通流组成,它定义每一进入交通网络的交通流的车辆组成(类别及混合比或流量)。

(5)如果交叉口需要信号灯控制,则要建立信号控制和信号组,并在同交叉口相连接的车道上设立交通信号灯。

(6)定义各个进口的渠化车道,渠化路段长度以及各渠化后的转向路标。

(7)打开所编辑的 corsim. trf 文件,在此输入仿真时间,以及确定输出各文件的间隔时间。

(8)选定要输出的统计文件(如记录排放及延误的文件)并调整有关模拟参数对整个交通网络进行仿真模拟。

6.3 现有信号配时下的模拟输出

由于 TSIS 软件提供了良好的图形化的人机对话界面,以上各步骤绝大部分可在软件提供的对话框内完成,因而使模拟工作变得较为直接明了。

利用此前提及的工农广场的几何、交通条件等数据,应用 TSIS 交通仿真软件对工农广场交叉口的交通运行状况进行计算机模拟(模拟模型主要参数均采用默认值),得出的交通状况模拟运行图如图 6-12 所示。

图 6-12 工农广场交通运行模拟图(现有信号配时)

考察到实地调查的工农广场交叉口单点定周期式信号交叉口,其中延误校正系数 DF 的取值 1.0;增量延误校正系数取值为 16;经计算早高峰的饱和度均大于 1,所以 min(X,1.0)取 X,仿真共运行 1h,计算和模拟的延误及尾气排放量结果见表 6-5。

分析表 6-5 及数据,可以得出以下结论:

(1)无论从延误值指标还是从排放指标上来看,TSIS 仿真模拟软件的模拟结果与实测值误差不大。

工农广场交叉口早高峰小时的延误及尾气排放量　　表6-5

现有配时方案	平均停车延误 (s)	加速延误 (s)	减速延误 (s)	NO_x (kg/h)	HC (kg/h)	CO (kg/h)
计算值	21	2.5	2.5	132.6247	227.8768	3236.385
模拟值	20.3	2.6	2.6	136.4592	228.6592	3357.942
相对误差	3.04%	4.0%	4.0%	2.81%	2.73%	3.62%

(2)TSIS软件对排放的模拟值比较接近实测值,从图6-12不难看出在车辆交叉口运行状况不佳导致大量的尾气排放。

(3)通过调查和瞬时的尾气排放可知现有工农广场交叉口延误及排放值均比较大,尤以北人民大街和东南湖大路为甚。这导致该交叉口通行能力降低,从而影响路段通行能力的正常发挥。

总之,TSIS仿真模拟软件能较真实地再现和反映工农广场的现行交通运行情况,这说明TSIS模拟软件有良好的实用性。因此针对工农广场交叉口现存的问题所提出以排放为指标的信号配时优化方案时,仍可用该软件对优化方案进行仿真模拟,并依据模拟结果结合其他指标(例如车辆延误)对各优化方案的优化效果进行分析、评价,从而找出最佳的信号配时优化方案。

6.4　基于排放的信号配时优化方案

1)信号配时优化方案一

从表6-5中不难看出,南湖大路东进口的饱和度已达到1.198,在五个路口中位居首位,虽然五个路口在早高峰时期均处于超饱和状态,但是从计算的各路段的饱和度和实地考察发现,在早高峰时期北人民大街不仅由于出口车道相对于南人民大街减少了一个车道,而且其左转车道只为一个车道,加之在距工农广场大约250m处有一个工农胡同,此路段为双向两车道,主要是为了减少工农大路的交通量从而进行的分流,行驶车辆多为公交车,也含有少量的轻型车等。这样就使得北人民大街的交通压力更大,而且导致交通流在未进入工农广场这个交叉口前就已经发生合流和分流的冲突,尤其是公交车270从工农大路进入北人民大街后要左转进入东南湖大路,途经三个直行车道才能到达左转专用车道,势必会干扰其他进入交叉口的交通流量,引起更大的延误,而且由于加、减速频繁,怠速时间长,燃油消耗量大,产生大量的尾气排放已成必然,工农广场的服务水平相应的有所下降已不可避免；同时相对于北人民大街而言，南人民大街则有两个专用左转车道允许出口流量进入工农大路，自然就会在相同的条件下释放更多的车流量。

其次就是饱和度最高的东南湖大路。在此路段上虽然为双向 10 车道，在进入交叉口处也进行了道路渠化和户口拓宽，但仍没有改变交通运行混乱、车流不畅的事实；况且由于从东南湖大路流出的车流要进入北人民大街、南人民大街、工农大路和西南湖大路四个路段，由于早高峰车流量大，在此路段上的车流量需排队等候两个以上的信号周期，经常还会出现直行车流占用左转车道和左转车流占用对向直行车道的现象，这样不仅影响了路段车辆驶入交叉口的常规运行，而且也严重影响了对向出口车流的正常行驶；还有一点就是由于路网规划的原因，西南湖大路和工农大路不仅车道少，而且车道较窄，致使从东南湖大路的出口车流不能在进入各自规定的路段上及时得到疏散，车流在驶入这两个路段时相对于其他路段来说车速明显降低，进而影响了在有效绿灯时间内放行车流的数量，也是导致东南湖大路车流严重滞留的一个潜在因素。

最后就是在实地调研中发现，在西南湖大路上的直行和左转车流在交叉口排队等候的时间一般都不到两个周期，甚至在一个周期内就已将在一个周期内驶入的车流基本放行完毕，有时也只有少量的车辆剩余；况且其出口路段为南、北人民大街均为双向 8 车道而东南湖大路则为双向 10 车道，因此车流自西南湖大路驶出后会快速、有序的驶入既定路线。

考虑到以上诸影响因素，拟定信号周期仍为 190s，改进方案后的信号配时方案见表 6-6，相位图解如图 6-13 所示。

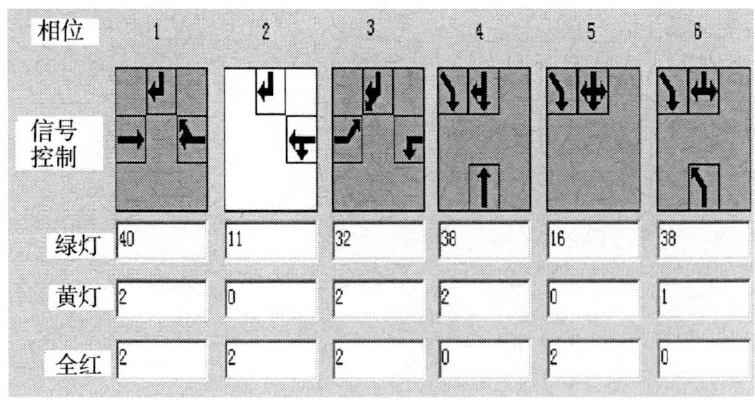

图 6-13　相位图解

工农广场交叉口的信号配时方案一　　表 6-6

<table>
<tr><th>相位</th><th>信 号 交 叉 口</th><th>信号周期长度 C
(s)</th><th>绿灯时长 G
(s)</th><th>黄灯时长
(s)</th><th>绿灯时序</th></tr>
<tr><td rowspan="2">相位 1</td><td>东、西南湖大路直行;东南湖大路右转进入工农大路</td><td>190</td><td>40</td><td>2</td><td>2～42</td></tr>
<tr><td colspan="5">红 | 绿 | 黄 | 红</td></tr>
<tr><td rowspan="2">相位 2</td><td>东南湖大路直行,左转</td><td>190</td><td>11</td><td>0</td><td>44～57</td></tr>
<tr><td colspan="5">红 | 绿 | 红</td></tr>
<tr><td rowspan="2">相位 3</td><td>东、西南湖大路左转;北人民大街右转入西南湖大路</td><td>190</td><td>33</td><td>2</td><td>59～91</td></tr>
<tr><td colspan="5">红 | 绿 | 黄 | 红</td></tr>
<tr><td rowspan="2">相位 4</td><td>南、北人民大街直行;
工农大路右转入南人民大街</td><td>190</td><td>38</td><td>2</td><td>95～133</td></tr>
<tr><td colspan="5">红 | 绿 | 黄 | 红</td></tr>
<tr><td rowspan="2">相位 5</td><td>北人民大街直行,左转;
工农大路右转入南人民大街</td><td>190</td><td>16</td><td>0</td><td>135～151</td></tr>
<tr><td colspan="5">红 | 绿 | 红</td></tr>
<tr><td rowspan="2">相位 6</td><td>南、北人民大街左转;
工农大路右转入南人民大街</td><td>190</td><td>38</td><td>1</td><td>151～189</td></tr>
<tr><td colspan="5">红 | 绿 | 黄</td></tr>
</table>

模拟与现有配时方案对比分析结果见表 6-7。

优化方案一与现有信号配的模拟输出结果　　表 6-7

方案对比分析	怠速延误(s)	控制延误(s)	排队延误(s)	总体延误(s)	NO_x(kg/h)	HC(kg/h)	CO(kg/h)
现配时方案	879.7	724.4	775.2	2379.3	136.4592	228.6592	3357.942
优化方案一	861.5	709.5	754.6	2325.6	135.5995	228.2666	3319.998
相对误差	2.07%	2.06%	2.66%	2.26%	0.63%	1.37%	1.13%

由上述模拟结果可知,优化方案一因考虑到交叉口各路段的实际情况进而重新分配了绿信比,避免了原来所形成的冲突点,使车辆运行状态有所改善,延误和

排放均得以减少,尤以北人民大街与东南湖大路变化显著,整个工农广场交叉口的交通运行状况得到极大的提高。但是,这种改善是在不改变道路现有状况的前提下实施的,相对来说排放有所降低,但是所有车流在交叉口的总体延误还是很大的。

2)信号配时优化方案二

考虑到上节所提到的西南湖大路的交通量相对较少,车辆排队等待的时间相对来说较短,而且还可以左转进入北人民大街,直行进入东南湖大路,右转进入南人民大街。实际上这三个出口不仅车道多而且宽,在进入交叉口时均进行了渠化和导流设计,因而相对于其他路段而言其延误自然也会很小。在这种情况下减少西南湖大路的绿灯分配时间,并将所减少的绿灯时间的一部分协调分配到其余相位上。最终的目标是使得整个信号周期变小,通过减少周期时长,增加其余相位的绿信比,使得车流能够尽早通过交叉口。

考虑到以上诸影响因素,理论计算信号周期为 185 ~ 189s,经过多次仿真,以最小排放为优选原则,最终拟定信号周期为 188s。改进方案后的信号配时方案见表 6-8,相位图解如图 6-14 所示。

工农广场交叉口的信号配时方案二 表 6-8

<table>
<tr><th>相位</th><th>信号交叉口</th><th>信号周期长度 C (s)</th><th>绿灯时长 G (s)</th><th>黄灯时长 (s)</th><th>绿灯时序</th></tr>
<tr><td rowspan="2">相位 1</td><td>东、西南湖大路直行;东南湖大路右转进入工农大路</td><td>190</td><td>40</td><td>2</td><td>2 ~ 42</td></tr>
<tr><td colspan="5">红 | 绿 | 黄 | 红</td></tr>
<tr><td rowspan="2">相位 2</td><td>东南湖大路直行,左转</td><td>190</td><td>10</td><td>0</td><td>44 ~ 54</td></tr>
<tr><td colspan="5">红 | 绿 | 红</td></tr>
<tr><td rowspan="2">相位 3</td><td>东、西南湖大路左转;北人民大街右转入西南湖大路</td><td>190</td><td>33</td><td>2</td><td>56 ~ 89</td></tr>
<tr><td colspan="5">红 | 绿 | 黄 | 红</td></tr>
<tr><td rowspan="2">相位 4</td><td>南、北人民大街直行;工农大路右转入南人民大街</td><td>190</td><td>38</td><td>2</td><td>93 ~ 131</td></tr>
<tr><td colspan="5">红 | 绿 | 黄 | 红</td></tr>
</table>

续上表

相位	信号交叉口	信号周期长度 C (s)	绿灯时长 G (s)	黄灯时长 (s)	绿灯时序
相位5	北人民大街直行,左转;工农大路右转入南人民大街	190	18	0	133～151
	红 | 绿 | 红				
相位6	南、北人民大街左转;工农大路右转入南人民大街	190	34	1	153～187
	红 | 绿 | 黄				

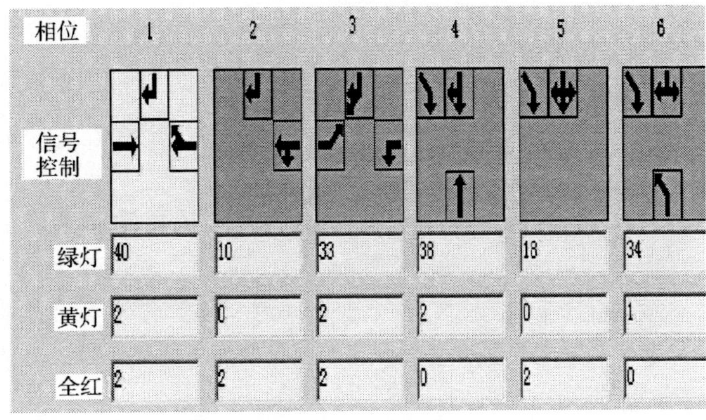

图 6-14 相位图解

模拟与现有配时方案对比分析结果见表 6-9。

优化方案二与现有信号配的模拟输出结果 表 6-9

方案对比分析	怠速延误 (s)	控制延误 (s)	排队延误 (s)	总体延误 (s)	NO_x (kg/h)	HC (kg/h)	CO (kg/h)
现配时方案	879.7	724.4	775.2	2379.3	136.4592	228.6592	3357.942
优化方案二	881.7	708.4	779.2	2369.3	135.8997	228.7652	3358.614
相对误差	0.23%	2.21%	0.52%	0.42%	0.41%	0.37%	0.02%

优化方案二因考虑了西南湖大路的车流相对较少的实际情况,从减少延误角度上进行考虑,并减少了该路段的部分第一、二相位的绿灯时间,旨在减少延误。从表

6-9 可以看出,这种信号配时优化方案将控制延误减少了 0.52%,怠速延误和排队延误都相应地增加了 0.23% 和 0.52%,但是总体延误降低了 0.42%。从延误角度上看,这种构想是合理的。从表中结果可知,经过模拟之后 NO_x 相对于现有信号配时方案有所下降,而 HC 和 CO 的排放值却分别增加了 0.37% 和 0.02%。这主要是由于在交叉口处车辆处于低速运行状态,混合气浓度较稀不利于 NO_x 生成,可是低速行驶时往往由于缸内温度较低致使燃烧不充分,导致 HC 和 CO 均有所升高。

3)优化方案比较

前面采用 TSIS 仿真软件对工农广场的现状进行了模拟,并将模拟结果同实测结果对比,从而验证了 TSIS 仿真软件在工农广场交叉口交通模拟中的实用性。同时,通过实测和仿真模拟找出了该交叉口的交通症结,紧接着针对该症结应用第 4 章所述方法给出了两个优化方案,并由 TSIS 仿真软件模拟输出各方案的延误值和排放值以作比较。

正如模拟结果所示,两个优化方案都对工农广场的交通现状有不同程度的改善,因此,从单个方案来看,都是有效的、可行的。但是,之所以要提出两个可行方案,就是想在对这些方案进行比较的基础上优中择优,找出最佳优化方案。本节的目的即在于此。

如前所述,TSIS 仿真软件对两个优化方案的仿真结果已经提供了延误值及排放值这两个优化指标,其中排放是环境效益指标,而延误是纯交通学指标,实际上在比较各优化方案的优劣时不应该只考虑这一点,还应该考虑经济学指标及其他辅助指标。由于本文在时间、数据获取渠道及人力等方面的限制,因而只能就交叉口的排放值、延误及这两个方面对上述两个优化方案进行评价。本章的主旨是以排放为指标来优化信号配时,同时以延误作为辅助指标来验证信号配时是否真正达到了优化的目的。

现行方案及各优化方案的排放值比较见表 6-10。

各优化方案与现行方案下的排放量 表 6-10

方　案	NO_x(kg/h)	HC(kg/h)	CO(kg/h)	排放总量(kg/h)
现行方案计算值	132.6247	227.8768	3236.385	3596.886
现行方案模拟值	136.4592	228.6592	3357.942	3723.06
优化方案一模拟值	135.5995	228.2666	3319.998	3683.864
优化方案二模拟值	135.8997	228.7652	3358.614	3723.278

排放对比分析如图 6-15 所示。

从图 6-15 中很明显可以看出模拟值大都比计算值偏高,主要是因为在实际的计算过程是一种比较理想的情况，而模拟所得出的结果则将车辆折算系数、控制延误、怠速延误及排队延误等参数都考虑进去，比较接近实际，因而会出现模拟值偏高的现象；另外以现有的信号配时方案下的排放量为标准进行排放总量对比分析，优化方案一因考虑了交叉口的实际状况，在不改变周期长度的情况下重新协调各个相位的绿灯时长，模拟的结果是 NO_x、HC 和 CO 三种排放物的总量均有所减少，分别减少了 0.63%、1.37% 和 1.13%；优化方案二是考虑到早高峰时期西南湖大路相对来说车流较少，运行较为通常的情况，将西南湖大路上第一、二相位的绿灯时间进行了微调，减少了周期时长，旨在增加其余各个路口的绿信比，从减少延误进而减少排放角度进行了配时优化设计。可是从模拟结果可知，虽然总周期时长减小了，但是实际上排放状况并不理想。从表上可以看出优化方案二的总体排放值虽较现行的配时方案下的总体排放略有减少，但是只有 NO_x 相对于现行方案的排放值有所降低外，且只减少了 0.41%，HC 和 CO 的排放值相对都有所升高，分别增加了 0.37% 和 0.02%。

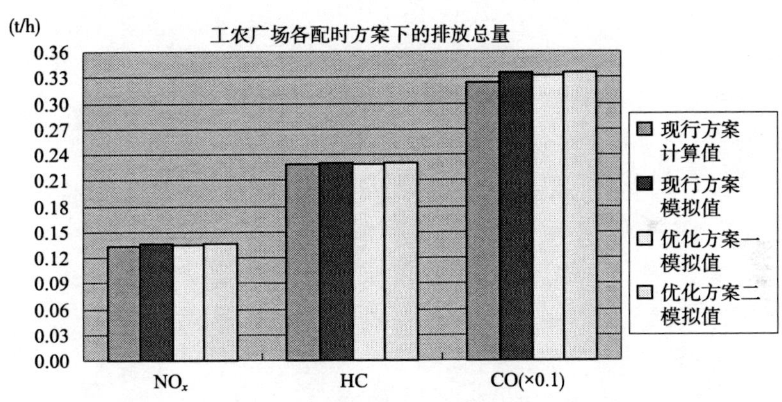

图 6-15　工农广场各方案下三种排放物的总量

由此可见，仅从排放指标来考虑优化方案一不仅是减少了排放，而且十分有效，相比较来说优化方案二虽然总体排放略有减少，但幅度不大，而且还使得 HC 和 CO 的排放值都有所升高，从环境效益的角度考虑是不合理的，因此方案一是切实可行的，是较为理想的优化方案。

下面以延误为辅助参数指标对方案一的优化效果加以验证，各配时方案下的延误值见表 6-11。

表 6-11 中的相对误差都是与现行方案下的延误做对比分析的，从表中可以看出优化方案二只有控制延误有所下降，而怠速延误和排队延误都有所升高，总体延

误虽然也有所下降,但是下降幅度仅为 0.42%;优化方案一在延误方面则有明显优势,三种延误均有所下降,下降幅度分别为 2.07%、2.06% 和 2.66%,且总体延误也下降了 2.26%。

各配时方案下的延误值　　表 6-11

方案对比分析	怠速延误(s)	控制延误(s)	排队延误(s)	总体延误(s)
现配时方案	879.7	724.4	775.2	2379.3
优化方案(一)	861.5	709.5	754.6	2325.6
相对误差	2.07%	2.06%	2.66%	2.26%
优化方案(二)	881.7	708.4	779.2	2369.3
相对误差	0.23%	2.21%	0.52%	0.42%

综上所述,优化方案一的"性价比"最高,在不改变工农广场现有路况的情况下,以信号控制策略来解决交通拥挤问题现今已经成为首选方法,但是这种方案治标不治本,很难满足将来交通发展的需要。

6.5　采用不完全式立交的减排方案研究

不同的交通信号控制策略很大程度上会改变路网中车辆的行驶工况,从而影响车辆在怠速、加速、减速和匀速运行时的速度。而不同的瞬时速度将导致不同程度的尾气排放。Frey 等使用车载尾气检测设备评价了交通信号控制的改变对尾气排放的影响。他们指出:加速时的尾气排放比怠速、减速时的显著增加,并且交通信号对尾气排放的显著影响主要是由于车辆在遇到红灯停车过后的加速造成的。由此可见,交通信号控制措施对车辆尾气排放有很大的影响。

在原方案中,南北人民大街方向和东西南湖大路方向的交通量都很大,加之第五支路工农大路的介入为该交叉口平添了多处冲突点,增加了该交叉口的交通负担及交通信号配置中相位的复杂程度。在现有的信号配时方案中存在着很大的不足,致使工农广场的现有车道得不到充分的利用,使车辆通过交叉口时有大量的交通延误产生,如:在高峰期间人民大街北进口及南湖大路东进口的车辆在通过交叉口时需排队等候两个或两个以上的信号周期才能顺利通过交叉口。

6.5.1　不完全式立交方案设计

交叉口分为平面交叉口和立体交叉口。平面交叉口按交通管制的不同,可分为全无控制交叉口、主路优先控制交叉口、信号(灯)控制交叉口、环岛交叉口等几种类型。有信号控制交叉口在时间上对不同方向的车流进行分离;立体交叉口采用空间分离的方式来降低不同方向车流间的冲突,达到疏导交通降低交通延误的目的。立体交叉口分很多种,其中不完全立交型立体交叉口有较强的实用性。

不完全立交型立体交叉又称平交型立体交叉,是在相交道路的基本动线间仍然存在平面冲突点的立体交叉。一般是通过立体交叉将直行车流与直行车流间的冲突点消除,而直行车流与左转车流所造成的交叉点至少还存在,这个交叉点就为平面交叉。在市区内采用这种立交时,应将冲突点安排在交通量较小的道路上。

经过对工农广场的实际交通调查及分析得出:该交叉口的南北人民大街进口方向车流量负荷大,对该交叉口交通拥堵贡献很大,本文在不完全立交方案拟定将南北人民大街建为不完全立体交叉,如图 6-16 所示。

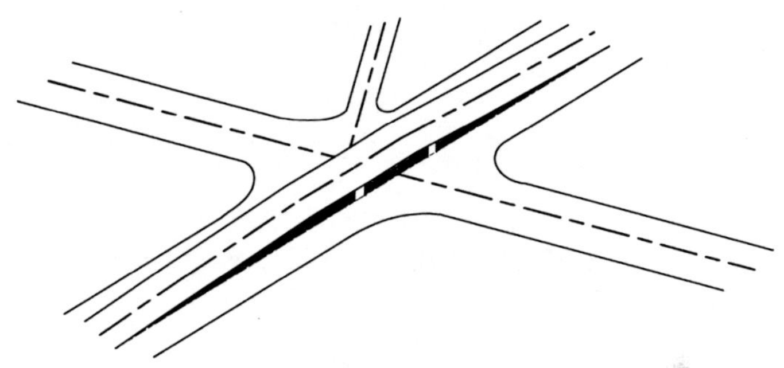

图 6-16　不完全式立交示意图

6.5.2　不完全式立交冲突点分析

在该交叉口建立不完全立体交叉后,交叉口处的交通流冲突点将大大减少,经过对比发现:仅将人民大街直行车流高架为立交,就可以将该广场的交通流冲突点数减少 11 个之多,人民大街直行车流与东西南湖大路直行、东南湖右转如工农大路、东南湖左转、北人民左转和西南湖左转等车流间的冲突均被消除,详见图 6-17、图 6-18。如此一来,该方案既可以减少交通冲突,又可以避免在整个交叉口全面建设立交的情况下增加车辆爬坡长度、增加车辆绕行时间、增加车辆排放程度的弊端。

6.5.3　TSIS 仿真模型建立

鉴于工农广场这个五路交叉口的复杂交通情况,为保障该路口交通的畅通,降低延误,同时减少车辆在此的加减速,达到减少车辆的排放的目的,将南北人民大街方向设计为不完全立交形式——方案 A。

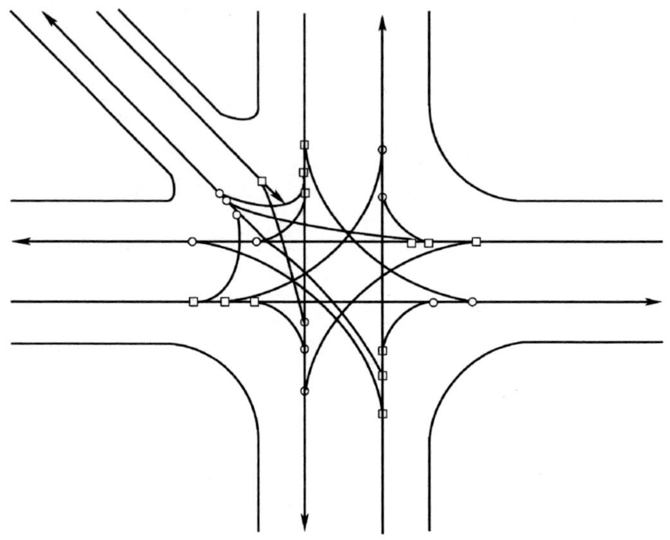

图 6-17　工农广场现有交通流冲突点示意

□—分流点;○—合流点;两直线交叉处为冲突点。

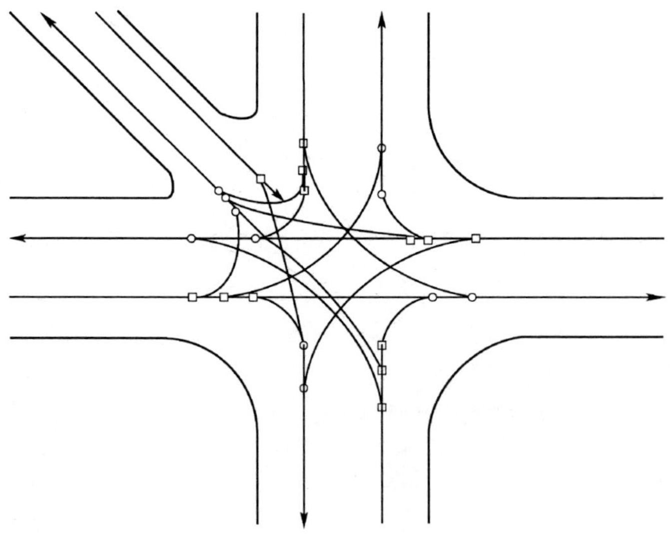

图 6-18　南北人民大街改为立交后的工农广场交通流冲突点示意图

□—分流点;○—合流点;两直线交叉处为冲突点。

将南北人民改为立交后，该交叉口变为一个畸形的五路交叉口。在这个畸形交叉中，总交通量有一定程度的减少，但交通流冲突点还是很多，在此可依据不同相位的划分对其进行信号配时。

车流中如果混杂着一些慢速车辆，这将导致整个道路通行能力的降低。实际上，交通流中一辆载货汽车相当于若干辆小汽车，这个相当于小汽车的数，称之为PCE（Passenger-car equivalents），又称小汽车当量系数或车辆折算系数。1965年美国公路通行能力手册首先提出使用当量小汽车的概念，它定义为：在一定的道路和交通条件下一辆货车或公共汽车可以用一定量的小汽车来代替。此代替量，即为当量小汽车折算系数。可以将PCE理解为车流特性的一个综合值，用它来描述车流间相互影响的综合作用。它综合了速度、超车行为、超车可能性、道路条件等因素。表6-12为本文所用的车辆折算系数。

当量小汽车换算系数 表6-12

车种	小客车	中型车	大客车	货车
换算系数	1.0	1.2	2.0	2.0

依据实际的交通流转向情况，方案A中将整个交叉口的交通流分为四个相位，经计算及相应调试，方案A的周期时长为180s，各相位的转向设置及时间分配详见表6-13和表6-14。

方案A中各相位转向设置 表6-13

相位数	车 行 方 向	相位数	车 行 方 向
1	东西南湖大路直行	3	南北人民左转
2	东西南湖大路左转	4	工农大路右转

方案A中各相位时间分配设置 表6-14

相位	1	2	3	4
信号控制	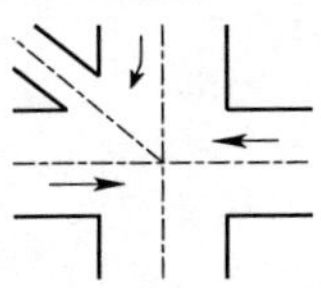	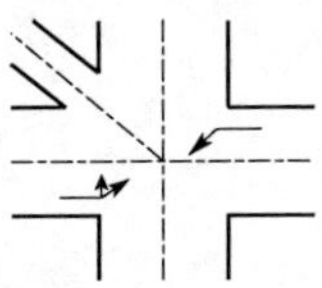	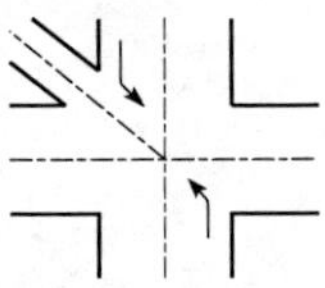	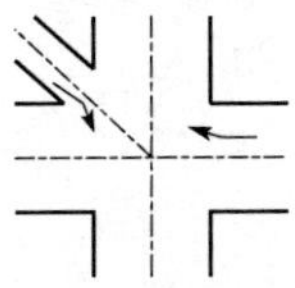
绿灯	39s	21s	39s	57s
黄灯	3s	3s	3s	3s
红灯	3s	3s	3s	3s

网络拓扑图的搭建。不完全式立交网络拓扑图如图6-19所示，不完全式立交仿真演示图如图6-20所示。

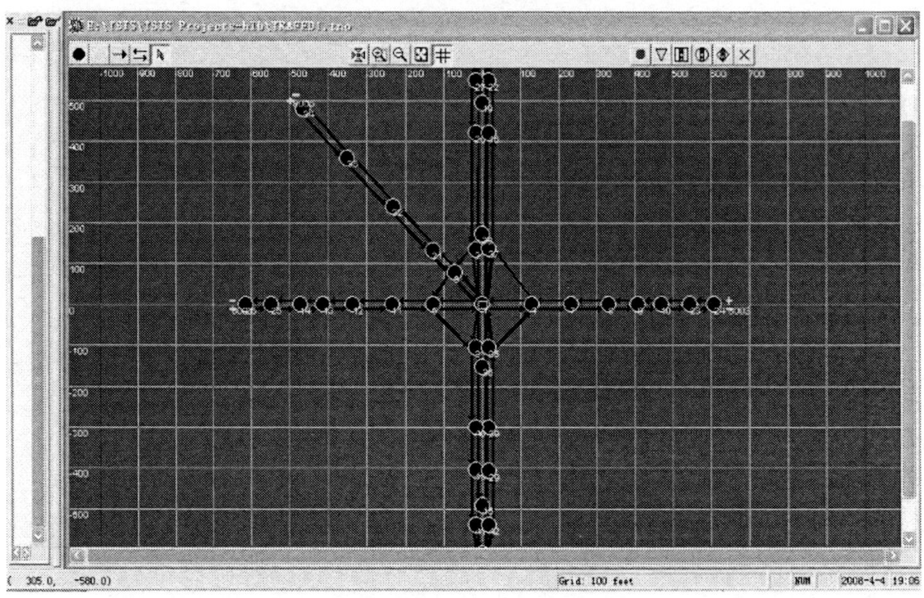

图 6-19　不完全式立交网络拓扑图

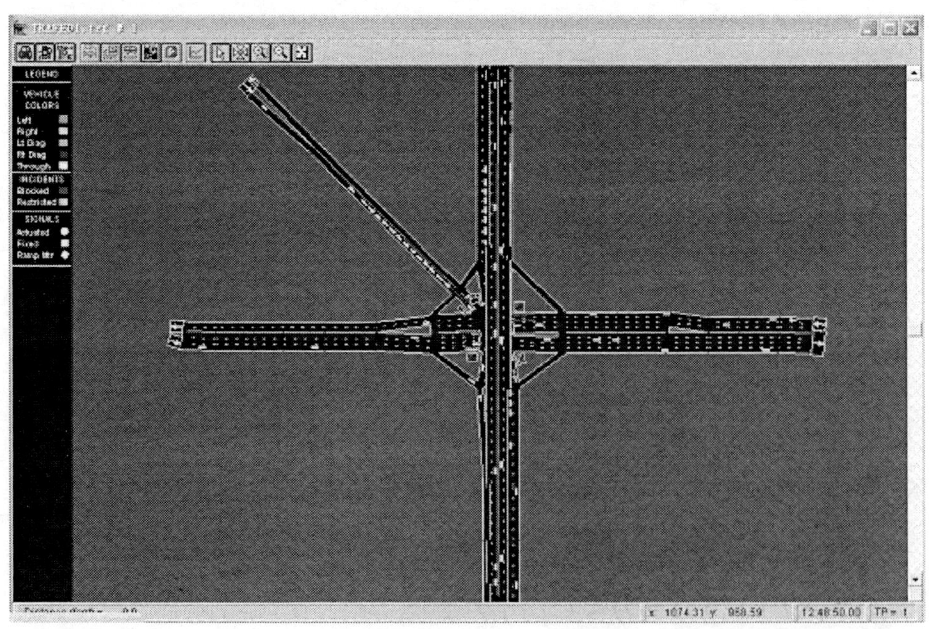

图 6-20　不完全式立交仿真演示图

6.5.4　机动车排放分析

(1)工农广场整个路网 CO、HC、NO_x 污染程度图层分析如图 6-21 ~ 图 6-23 所示。

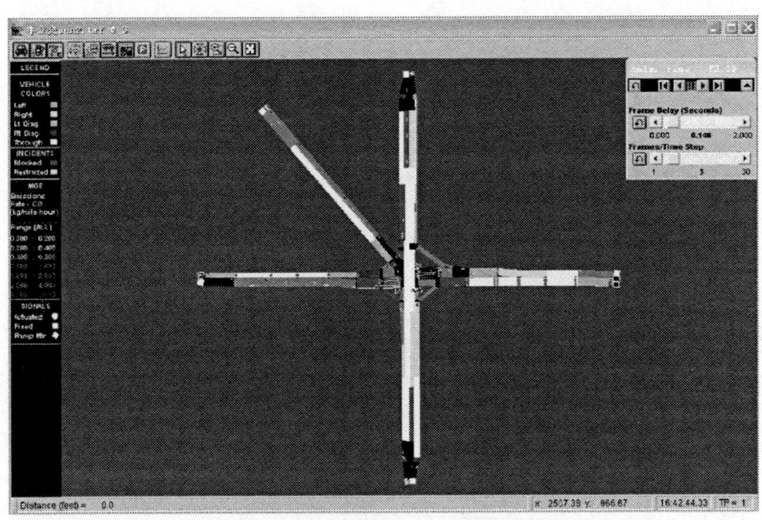

图 6-21　16:42:44 CO 污染图层分析

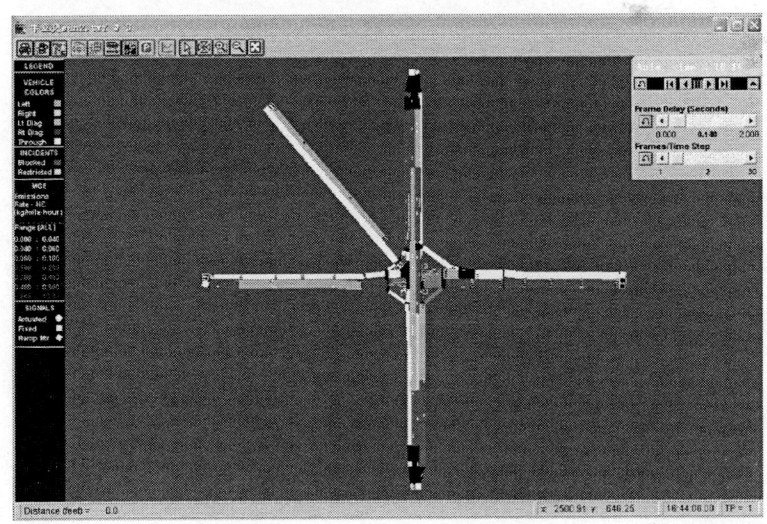

图 6-22　16:44:06 HC 污染图层分析

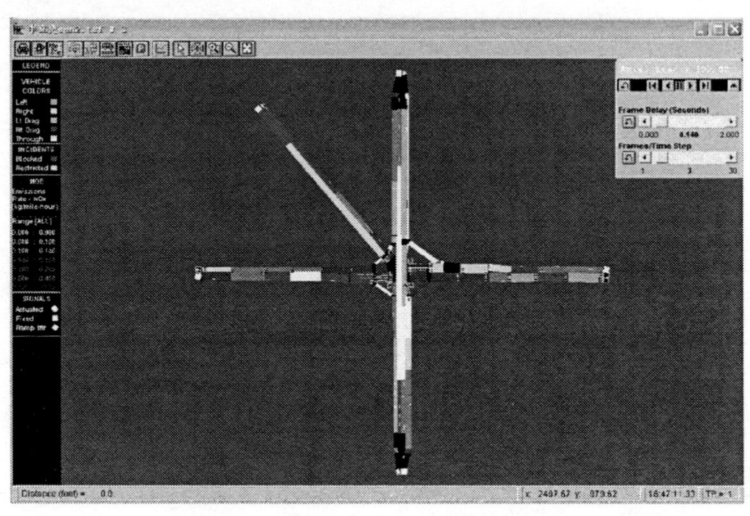

图 6-23　16:47:11 NO_x 污染图层分析

将图 6-21 ~ 图 6-23 与之前仿真图对比分析可以看出,在方案 A 中工农广场的汽车尾气污染程度整体得到了降低。尤其是南北人民大街直行方向,该方向的污染程度基本处于整体尾气排放污染水平的最底层,这基本上得益于该方向交通流独特的交通特性;由于没有南北人民大街直行的介入,交通流冲突点减少,东西南湖大路的汽车尾气污染程度也很大程度地得到了降低。

(2)整个路网机动车 CO、HC、NO_x 污染物排放总量统计。以仿真 1h 为周期,对整个路网进行仿真,所得的三种车辆排放污染物排放总量统计见表 6-15。

方案 A 仿真过程污染物总量统计　　表 6-15

污染物	CO	NO_x	HC
总量(kg)	2910.422	360.0255	171.0645

(3)交通延误分析见表 6-16。

方案 A 仿真过程交通延误统计　　表 6-16

延误类别	控制延误(sec/veh)	排队延误(sec/veh)
方案 A(不完全立交)	1245	1277.1

6.6　采用苜蓿叶式立交的减排方案研究

6.6.1　苜蓿叶式立交方案设计

立交可以减少道路交叉口的交通冲突点,进而减少车辆在交叉口的延误,降低车辆通过交叉口的加减速次数,从而在降低交叉口交通压力的同时降低交叉口的车辆排放污染程度。

与路段上顺流交通截然不同的平面交叉口范围内,其交通流由进口分流、路口内交叉(或交织)、出口合流所组成。交通流线进入交叉口时,由于车辆在分流时往往先要减速,以便观察行进方向的交通情况,并判断分流的可能性,这样就影响车辆进入交叉口的通畅性,从而干扰交通,分流方向越多,干扰就越严重;交通流线从出口道路引出时产生合流,此时车辆加速和插行,也会对交通产生干扰;相互穿行时会形成交叉,交叉时车辆可能发生互相碰撞,碰撞点处则为冲突点,冲突点越多,对交通安全及交叉口通行能力的影响就越大。从产生冲突点的交通状态分析可知,冲突点对交叉口的行车安全和交通影响远比分流点和合流点要大。由此可见,在交叉口设计中正确处理和组织好左转交通,减少冲突点,降低延误,能大大提高交叉口的通行能力和减少交通事故。

苜蓿叶式立交是被国内外广泛采用的形式之一。它用四个内环匝道连通所有左转弯车流,四个外环匝道连通所有右转弯车流。各匝道互相独立,主线交叉处设一座跨线桥,配设必要的变速车道,构成一座完全互通式立交。

该型立交各方向都能互通,车辆一律从右侧出入主线,方向明确,无冲突点,安全度大,线性对称,造型优美,仅一座跨线桥,构造物较少,桥跨方面造价较省。但是,它有很多不足,如:左转弯匝道上的车辆都需旋转绕行270°才能进入主线,绕行路程较长;四个内环匝道的出入口之间构成两个交织路段,且紧挨主线,不仅出入主线车辆相互交织干扰,而且影响主线安全。

苜蓿叶式为最常用的立交形式之一。苜蓿叶式立交造价低,只需一个构造物就可以达到连续无阻运行,是其最大的优点,但限于节约用地,环绕匝道半径不能太大,因而通行能力受到影响,而最重要的是车辆由环圈匝道进入主线直行和主线直行车辆转弯进入环圈匝道的过程存在着交织,这种交织由于主线直行车辆转弯要减速和环圈匝运转弯车辆进入主线要加速而受到恶化,尤其在高速公路上交通量很大时显得更为严重。图6-24所示为标准苜蓿叶式立交形式。

苜蓿叶式优点:

(1)在这种只有一个构造物的设计中所有左转弯冲突都被消除。

(2)无须交通信号。

(3)交通运行连续而且自然。

(4)必要时可分期修建。

缺点:

(1)要求大的用地,环圈匝道半径不宜过小。

(2)在快速公路和次要路线上的交织可能严重限制通行能力。

(3)环圈匝道出口在构造物之后。

(4)快速公路上双重出口时标号复杂。

(5)下面构造物有附加交织车道增加造价。

(6)由快速公路速度到内部环式匝道控制速度的减速长度不足。

(7)安全状况不良。

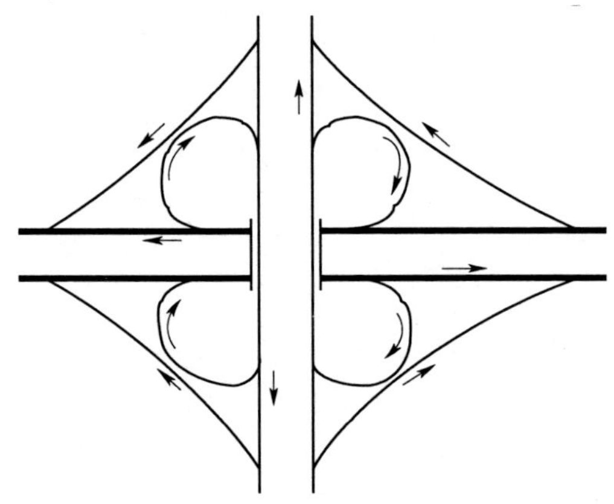

图 6-24　苜蓿叶式立交

如图 6-25 所示,设了集散道之后,主干线上的来往直行车辆可以畅行无阻,而减速中的转弯车辆和由环圈匝道转弯进入主干线的加速中的直行车辆在集散道上进行交织,更为顺利。集散道同时还提供了足够的加速和减速车道长度。

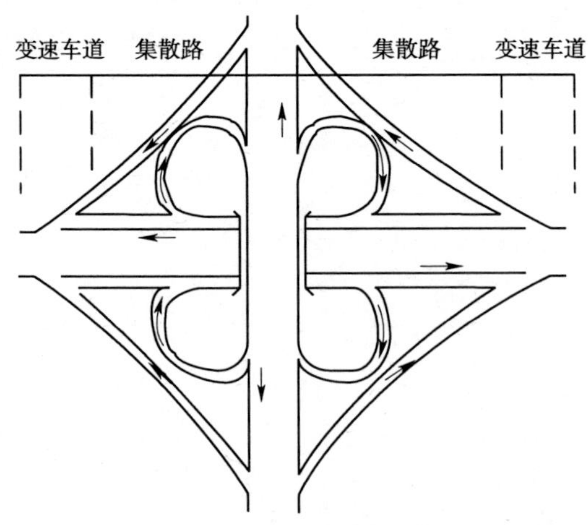

图 6-25　带有集散路的苜蓿叶式立交

优点：

(1)交织段从快速公路移至较低车速的集散道上。

(2)快速公路上的汇入点和分离点由八个减至四个。

(3)比基本苜蓿叶式能通过更大的交通量。

(4)快速公路上只有单一的出口和入口。

(5)转弯车辆运行自然。

缺点：

(1)视环圈式匝道的大小可能较基本苜蓿叶式要求更多的用地。

(2)由于跨度增大,构造物造价要高些。

(3)除非从快速公路出口到集散道的第一个出口之间具有充分的距离,妥当地布设指示行驶方向信号是不可能的。

工农广场是一个复杂的五路交叉口,车流转向复杂,本文将针对该交叉口建立一个立体交叉,在标准苜蓿叶式立交的基础上,加入一些有针对性的设计,将工农大路更好的糅合到整个立交当中,达到很好进行渠化的目的。

6.6.2　TSIS 仿真模型建立

(1)网络拓扑图如图6-26所示。

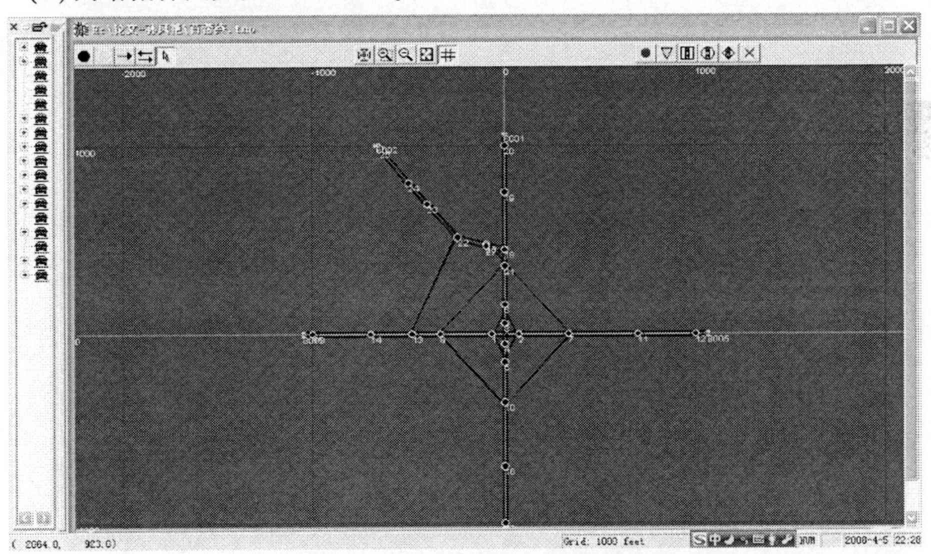

图6-26　苜蓿叶式立交网络拓扑图

(2)TRAFVU,仿真软件中的跨桥设计如图6-27所示。

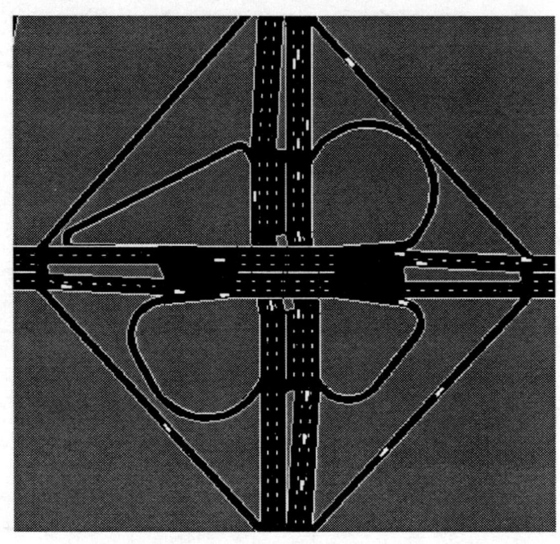

图 6-27　仿真软件中的跨桥设计

对于工农广场这个五路的交叉口来说，因为工农大路的存在，标准的苜蓿叶形式的立交已不能满足此交叉口复杂的车流运行情况，将工农大路修建成 Y 字形交叉口分别与北人民大街和西南湖大路相连，更好地将工农大路方向的车流糅合到立交渠化中；为减少东南湖右转入工农大路的车流与其他方向车流的冲突，将此股车流也高架为小立交形式，如图 6-28 所示。

图 6-28　东南湖至工农大路方向小立交形式设置

6.6.3　车辆排放分析

以下将对方案 B 运行仿真的结果进行分析。

(1) 车辆排放污染物污染图层分析如图 6-29 ~ 图 6-31 所示。

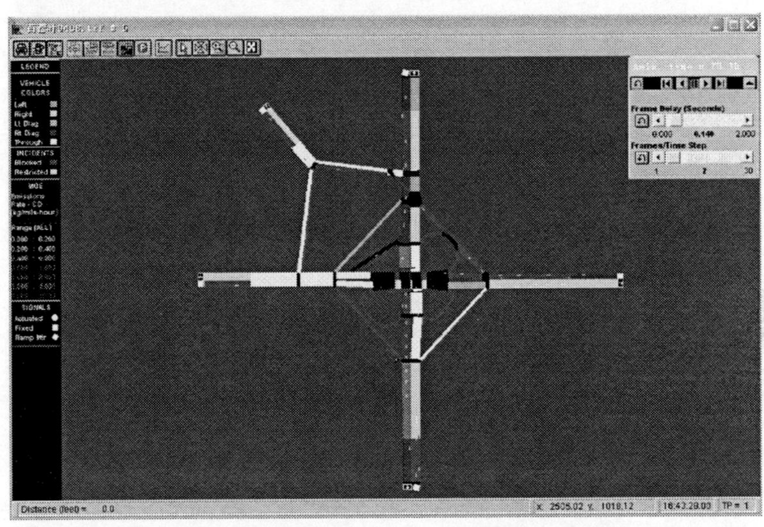

图 6-29　16:43:28 CO 污染图层分析

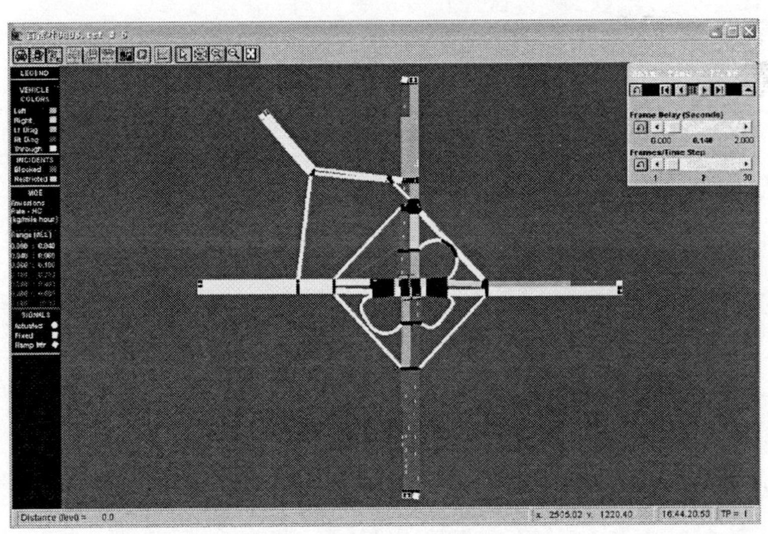

图 6-30　16:44:20 HC 污染图层分析

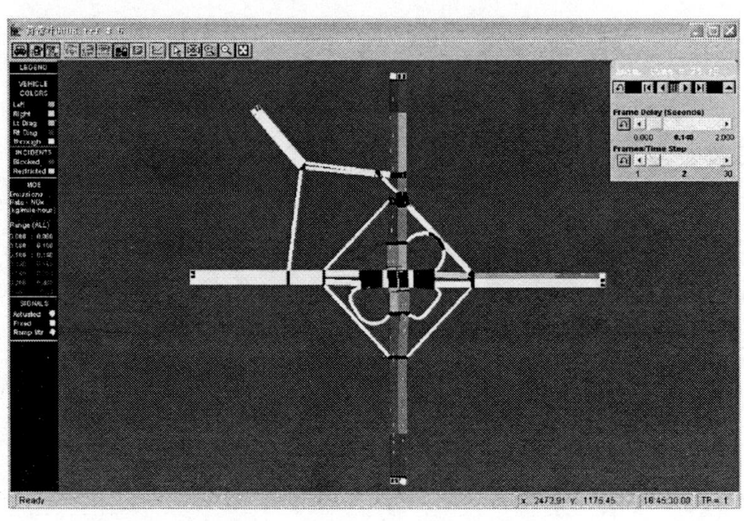

图 6-31　16:45:30 NO_x 污染图层分析

将图 6-29 ~ 图 6-31 与图 6-21 ~ 图 6-23 进行对比，可以看出，在方案 B 中机动车尾气污染程度降低最大，许多路段的污染程度处于较低的等级（第一等级）；除此之外，在该方案中，南湖大路与工农大路的污染程度已有很大的改善，相对来说，污染程度最严重的当属南北人民大街，这与南北人民大街相对较大的交通量有关。

（2）交叉口各排放物排放总量分析见表 6-17。

方案 B 仿真过程污染物总量统计　　表 6-17

污染物	CO	NO_x	HC
总量（kg）	2654.730	372.381	141.375

（3）交通延误分析见表 6-18。

方案 B 仿真过程交通延误统计　　表 6-18

延误类别	控制延误（sec/veh）	排队延误（sec/veh）
方案 B（苜蓿叶立交）	18.4	11.8

6.7　与现有信号配时方案对比分析

通过对三个方案下的汽车尾气污染图层对比分析得知，相对于原方案来说，方案 A 和方案 B 的汽车尾气污染程度均有一定程度的减少，其中方案 B 在个别路段污染程度减少的比较大。

污染图层只能对三种方案中的机动车污染程度进行粗略的对比,以下将从汽车尾气污染排放物总量及交通延误等量化角度对该三种方案的优劣性进行进一步的对比分析。

从表6-19和图6-32可知,在总排放量减少方面,方案B优于方案A。整体来说,方案B比方案A多减少了约6%。在NO_x排放的减少程度上,方案B优于方案A,这与方案B中车流的运行特征有关,在方案B中,车流匀速行驶的比例比较大,这就促成了NO_x的生成;在CO排放减少方面方案B比方案A多了约7%;在HC排放方面方案B比方案A多了约13%。

三个方案仿真过程中车辆排放物总量(kg)对比　　　表6-19

方　　案	CO	NO_x	HC	总　　计
原方案	3568.766	405.202	223.343	4197.311
方案A	2910.422	360.0255	171.0645	3441.512
	-18.45%	-11.15%	-23.41%	-18.01%
方案B	2654.730	372.381	141.375	3168.486
	-25.61%	-8.10%	-36.70%	-24.51%

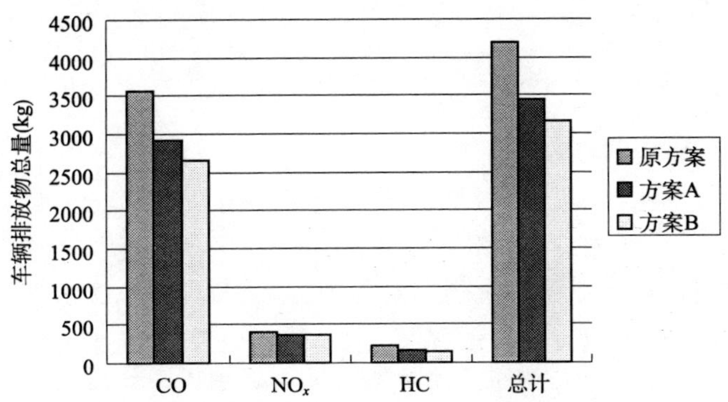

图6-32　三个方案车辆排放污染情况对比

在实际的仿真模型建立过程中,三种方案所仿真的时间是相同的(1h),三种方案所取的工农广场交叉口的面积也是相同的,选取参数为:东南湖大路、西南湖大路、南人民大街、北人民大街距离工农广场中心均为274m,工农大路最远端距工农广场中心为976m。这样的选取即可达到三种仿真方案中车辆污染物排放总量的可比较性。通过表6-19的对比发现:两种改进方案较之原方案在三种车辆排放污染物总量上都有所减少。

另外,在以上三种方案的仿真模型的建立中,原方案和方案A的总路网长度均为 1627.63m(5340ft),方案 B 中的总路网长度为 2513.99m(8248ft),由此,通过表 6-19 可得到单位里程的车辆排放污染情况,见表 6-20 和图 6-33。

仿真过程中单位里程的车辆排放量(kg/m)对比 表 6-20

方案	CO	NO_x	HC	总计
原方案(1627.63m)	2.193	0.249	0.137	2.579
方案 A(1627.63m)	1.788	0.221	0.105	2.114
	-18.47%	-11.24%	-23.36%	-18.03%
方案 B(2513.99m)	1.056	0.148	0.056	1.260
	-51.85%	-40.56%	-59.12%	-51.14%

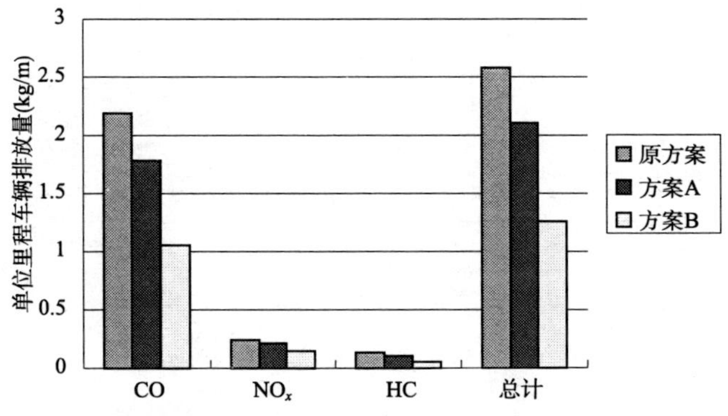

图 6-33 单位里程的车辆排放量(kg/m)对比

虽然三个方案的整体仿真区域面积相同,但是苜蓿叶式立交中由于绕行匝道的,使得其在仿真区域内的路网长度较另两个方案有所加长(增加了 54.46%),对此又选择单位里程排放量为评价指标对三个方案进行对比;由表 6-20 和图 6-33 的对比分析可知:在单位里程排放量方面,方案 B 优于方案 A。

与此同时,两种改进方案在交通延误方面也有很大的改善,详见表 6-21。

三个方案仿真过程交通延误对比分析 表 6-21

延误类别		控制延误(sec/veh)	排队延误(sec/veh)
原方案		1837.1	1943.8
方案 A	不完全立交	1245	1277.1
	与原方案比较	-32.23%	-34.30%
方案 B	苜蓿叶式立交	18.4	11.8
	与原方案比较	-99.00%	-99.39%

注:其中排队延误是对于加速度小于 0.61m/s²(2ft/s²)和速度小于 2.74m/s(9ft/s)的车辆而言的。

从表6-21 可以看出：方案 B 中的排队延误最小，与原方案比较减少了 99.39% 之多，这与方案 B 的车流运行方式有关，方案 B 中并没有交通信号控制，不同方向的车辆分流是靠绕匝道环行来实现的，这就大大减少了车辆排队等候时间；方案 A 中的排队延误也有很好的改善，较之原方案降低了 34.30%，作为同时信号配时方案的 A 来说，这已经是很大的一个进步，在方案 A 中，将南北人民大街方向的直行改为了立交形式，与其余的车辆分离开来，因而这个方向的车流可以不受其他方向车流的干扰，也免去了交通信号的束缚，与此同时，将交通量较大的南北直行车流高架为立交以后（经调查，人民大街南北直行车流占总交通量的 33.93%），受交通信号控制的车流量将大大减少，这就很大程度上减少了交通信号控制下的交通负担，进而达到降低排队延误的效果；与此同时，方案 B 中控制延误有很大程度的改善，因为这两项均与车流运行顺畅程度有很大关系。

6.8　小结

本章对 TSIS 软件的构成、特点及其内部的车辆行驶模型进行了较详细地介绍和分析，为本文的交叉口仿真奠定了坚实的基础；然后对工农广场的交通现状进行基本数据采集与分析，并在此数据基础上应用 TSIS 交通仿真软件对该交叉口的交通现状进行模拟；最后考虑到交叉口的实际路况及既定的交通流信息，提出了两个以排放为指标的信号配时优化方案，并将两个配时优化方案下排放值做了对比分析，以延误作为辅助验证指标，得出优化方案一为优选的信号配时方案。

此外对工农广场交通及污染现状的分析，提出了两种立交改进方案：不完全式立交（方案 A）和苜蓿叶式立交（方案 B）。这两种方案均不同程度地消灭了冲突点，以延误程度较小的合流、分流情况构成车流运行路网，有效降低了车流在交叉口因车流冲突而引起的减速及怠速等待工况，减少了车辆污染物排放。

第7章　基于单向改造的区域排放优化

实时单向交通会减少交通流的冲突,对缓解交通拥堵、提供道路通行能力及减少道路交通机动车排放,提高机动车运行速度都有积极的作用。本章通过对红旗街—延安大街区域的单向改造,结合动态交通仿真工具来评价两方面的变化:

(1)针对排放情况,分析单向改造前后带来的分车型及区域排放总量的变化;

(2)针对延误情况,对比分析实行单向改造前后分路段及区域机动车交通运行状况的变化。

7.1　城市道路单向交通特性分析

机动车在道路行驶时会碰到制动减速情形,研究表明机动车在制动减速后再加速排出的尾气要高出正常行驶时的2倍以上。实施单向交通,可以大大地减少机动车的停车次数和加、减速次数,使交通流运行顺畅,极大的改善发动机的工作状态,从而降低了机动车尾气排放、燃油消耗等,并有效缓解对周边环境的影响,因而合理组织单向交通对改善道路两侧空气质量有着积极的作用。研究表明通过合理组织单向交通,可以提高区域路网通行能力30%~50%,减少机动车20%~50%的行驶时间,降低10%~50%的交通事故。

7.1.1　单向交通的特点

单向交通是指在实施区域内,仅允许机动车沿相同方向行驶的道路交通组织形式,是交通管控措施的一种。单向道路必须成对组织——即相邻道路只允许机动车沿着相反方向行驶。单向交通把实施区域内不同方向的交通流以街区为分隔物进行空间分离,使机动车定向行驶,从而防止了对向行驶车辆的相互干扰。从缓解区域交通拥堵、提高交通网络的通行能力、增加机动车的运行速度以及降低交通事故率等方面来分析,单向交通都是一种行之有效的交通管控措施。怎么样的城市区域道路适合组织单向交通,需要满足单向交通实施的路网、道路和交通条件。

为了减少相交交通流在交叉口产生冲突点,往往在交叉口设置信号灯从而在时间上和空间上分配相交交通流适当的行驶时间。相交交通流的冲突点通常产生在三种情形下:交通流交织与汇合容易产生锐角挤撞冲突点;相交道路直行交通流容易产生直角对撞冲突点;本向左转与对向直行交通流相交容易产生钝角斜撞冲突点。

交叉口双向行驶和单向行驶的情况如图7-1所示,比较了设置两相位信号灯的十字路口实施单向交通前后的交通流冲突情况。在图7-1a)所示的双向行驶情形下,假如东西绿灯放行,交通流会产生挤撞冲突点和斜撞冲突点各4个。通过图7-1b)所示的交叉口单向改造,避免了本向左转和对向直行交通流的冲突,只有北向右转会与东西直行产生1个锐角挤撞冲突点。

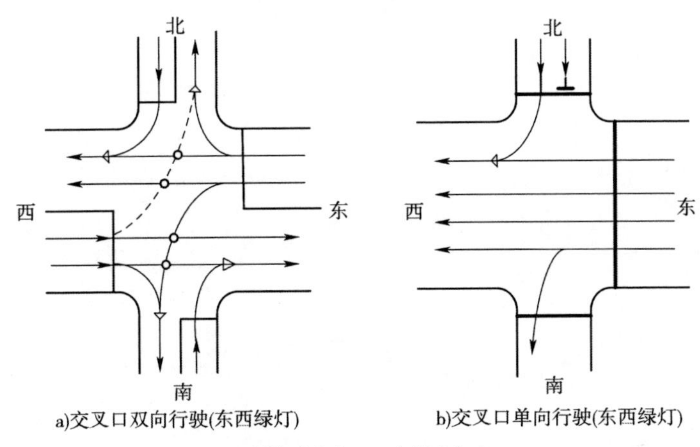

图7-1 交叉口双向行驶和单向行驶

通过对比实施单向交通前后的交叉口交通流冲突情况,表明实施单向交通后,可以大大减少机动车通过交叉口时产生冲突点的个数,使交通流更顺畅地通过交叉口,从而有效降低了机动车的延误,提高了运行速度,并减少了交通事故的产生。

根据路网、道路和交通流的差异,通常适用于不同的单向交通组织形式,以下为单向交通的组织类型。

1)可逆型单向交通

此种形式主要是用于潮汐式交通流组织单向交通,它按照交通流方向的变化来变换部分车道以满足交通流量的增长。潮汐式交通是指由于时间段的差异产生的双向交通流不平衡的交通形式,经常发生在进出城交通流。例如在上午进城交通流增加时,将进城方向的车道增加,减少出城方向的车道,在下午出城交通流增加时,将进城方向的车道减少以满足出城交通流量的增加。在非高峰时段,两方向交通流量大致相当时,不实施单向交通。

2)固定型单向交通

此种形式主要应用于临近且平行的道路上,在机动车运行的所有时间段内,要求同一条道路上的机动车只允许沿相同方向行驶,而在相邻道路上机动车只允许沿相反方向行驶的交通组织方式。

3)定车种单向交通

这种形式主要应用于混合交通流的行驶区域或道路,为了保证交通流运行顺畅而限制某种车型单向行驶。例如在城市的某些繁华路段,限制除公交车以外的其他车型单向行驶。在一些例如过窄的特殊路段,限制某些车型的进入,保证公交车或自行车等的通行。

4)定时单向交通

这种形式也适用于潮汐式交通流,但与可逆型单向交通的区别在于它适用于只有两条行车道的相对较窄的道路,它是在潮汐式交通产生的特定时间段内仅允许单向通行的交通组织方式。在进城的早高峰或出城的晚高峰,仅允许两个方向交通流单向行驶,而在其他时段允许双向行驶。

实行单向交通从道路、驾驶人与行人、机动车以及商业等因素分析各有利弊,见表7-1。

实施单向交通的优劣势比较 表7-1

比较 参数	优　势	劣　势
道路因素	提高道路通行能力20%左右	单向交通的端头容易造成交通拥堵
驾驶人及行人因素	提高车辆运行速度20%以上降低交通事故率	增加部分乘客乘车距离
机动车因素	机动车行驶顺畅减少机动车排放污染	增加部分车辆行驶距离和时间
商业因素	提高经济效益	给道路两侧的商业活动带来影响

发挥单向交通优势的关键在于如何合理组织单向交通从而扬长避短,这就需要从拟实施单向交通的区域实际出发,综合考虑道路因素、路网条件及交通流状态,具体情况具体分析。本文根据区域路网的实际情况,将采用定车种单向交通,具体组织形式为区域内所有轻型车和中型车全部时间都只允许沿同一方向行驶,而在相邻街道上仅允许逆向行驶,公交车辆允许双向通行,按照要求设置逆向公交车道。

7.1.2　实施可行性分析

实行单向交通,是国内外缓解城市拥堵问题切实可行的方法之一,在长春市没有形成发达的立体交通网络之前,交警支队准备从加强交通流的科学组织,努力打造无阻碍道路交通循环网络作为解决交通难点问题的突破口之一,把单向交通作为交通组织的新的方式。为了缓解长春西南部地区交通紧张的局面,解决新民广场、延安大街的交通拥堵问题,交警支队拟将延安大街、宽平大路、红旗街、新民广场区域作为交通试点区域,其中红旗街和延安大街划为单行线。

实行单行交通,需要满足单向交通的道路路网条件、道路路段条件以及交通条件,具体如下。

1)道路路网条件

(1)棋盘形路网。棋盘形道路系统最适应组织单向通行,可以由相邻两条道路配对组织单向交通,也可把部分道路系统都组织成单向交通,在此种路网时组织区域的单行通行可以起到良好的效果。

(2)带状形路网。带状城市道路系统在有相邻或接近道路成对偶关系,而且道路等级及道路通行能力相近时,可选择局部区域有可能配对的道路组织单向交通。

(3)其他路网。当道路网中有两条长度较短(1～2km)且相邻的环路时,可根据交通流的情况考虑组织单向交通。另外,两条相邻的放射性道路也可组织单向交通。

2)道路路段条件

(1)道路平行相邻。在区域内,选择两条具有相同起讫点的平行相邻的道路,它们的道路宽度和通行能力应大致相当。为了避免单向道两端交通流对单向交通实施效果的影响,应保证单向路段相对较长。在特殊情况下,当两条平行道路等级有差异时,可考虑等级较高道路仍为双向交通,将低等级的道路设为单向交通,如图7-2所示。通过单向交通改造既可以疏散主干道上的交通流,同时又能增加支路通行能力。

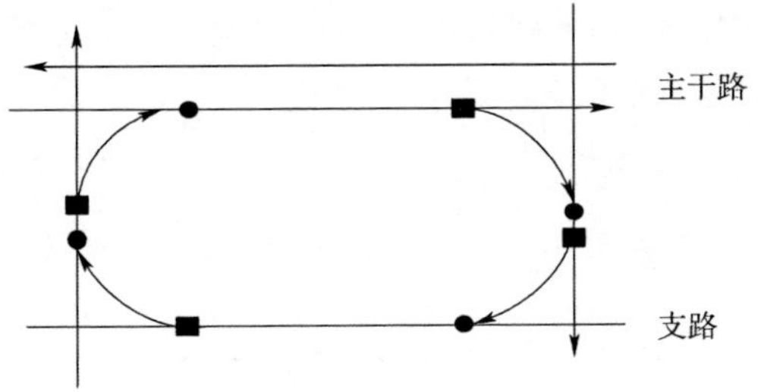

图7-2　低等级道路单向交通示意图

（2）道路宽度。按照《城市道路单向交通组织原则》要求，在道路宽度满足以下条件时可以实施单向交通：

①道路宽度较狭窄，不足以同时设置人行道、车行道而将混合交通流隔离时；

②有宽度小于12m的平行道路可以配对，且流向比大于2，或者道路宽度小于10m而流向比大于1.2时；

③双向通向效益较差的奇数车道或平行于大流量主干路的支路和次干路；

④宽度狭窄不适合一些特定车辆双向行驶的道路。

（3）交叉口特性。针对设置信号灯控制较多道路，并且相邻交叉口距离较短，由于存在较多的左转车流，难以通过设置线控来有效的协调信号配时，适合采用单向交通来组织交通流。

3）交通条件

单向交通的实施，一方面可以减少交叉口交通冲突，简化交叉口交通状况，有利于交通安全；同时由于冲突点的减少，因此可通过缩短信号灯周期或减少相位等措施从而提高道路通行能力。但另一方面也存在增加起讫于路网的机动车行程时间，增加周边路网的无效流量等不利方面。在过境交通为主的路段，这种影响相对较少。

从道路路网条件来说，红旗街—延安大街区域为棋盘形道路系统，可以由相邻红旗街、延安大街配对组织单向交通，也可把区域部分道路系统都组织成单向交通。从道路路段条件的角度，红旗街和延安大街平行相邻并且互成对偶；其次，该区域的几条道路相对较窄，不足以同时设置人行道、车行道以隔断混合交通流；再次红旗街及延安大街的交叉口间距较短，左转交通流较为集中，不适宜采用线控来协调交叉口信号配时，适合组织单向交通来管理交通流。从交通条件来看，实施单向交通后不可避免会增加红旗街—延安大街区内的起讫交通流行程时间，并增加宽平大路、新民大路等的无效交通流量，但由于此区域为商业繁华路段，交通流以过境交通为主，对于机动车延误的影响相对较小。

综上所述，红旗街—延安大街区域满足单向交通实施的各个条件，作为一种低投入高效率的交通管控措施，以此对该区域进行单向改造来优化交通流组织方式比较合理可行。

7.1.3 路线组织方案选择

单向交通组织的好坏也很大程度影响到机动车运行的顺畅程度，并直接影响机动车的排放情况。根据红旗街—延安大街区域道路及交通的实际情况，可以选择顺时针和逆时针两种方式来组织单向交通。

1）顺时针方向组织单向交通

此方案顺时针组织运行区域交通流，如图 7-3 所示。

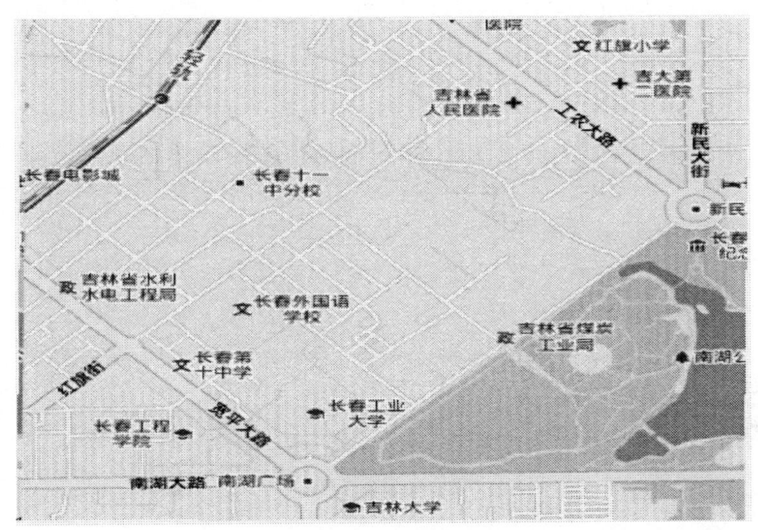

图 7-3 顺时针方向组织单向交通示意图

以下分析其对区域交通的改善情况：

（1）缓解新民广场的交通压力。可以减少 2 条进入新民广场的车道，增加 2 条驶出广场的车道，减少 21.5% 左右的新民广场车流；有利于疏散广场交通流，减少车辆滞留在广场内的时间。

（2）减少交叉口的冲突点。由于机动车可以右转驶入，右转驶出，避免了各个路口左转车流与直行车流产生冲突的情况。

（3）通过新民广场、南湖广场只需绕行 1/4 圆周，减少通过广场时间，降低广场内拥堵。

此方案也存在以下的弊端：

（1）增加了一部分机动车的行驶距离。

（2）增加了工农大路到新民广场及延安大街到南湖广场两个路口的车流量，从而容易造成交通拥堵的产生。

2）逆时针方向组织单向交通

此方案逆向组织区域交通流的运行，如图 7-4 所示。

按逆时针方向组织单向交通，有以下两个优点：

（1）延安大街的 4 条车道会为进城交通流提供很大便利，方便西南部地区车辆进入中心城区。

(2)机动车可以方便右转驶出区域。

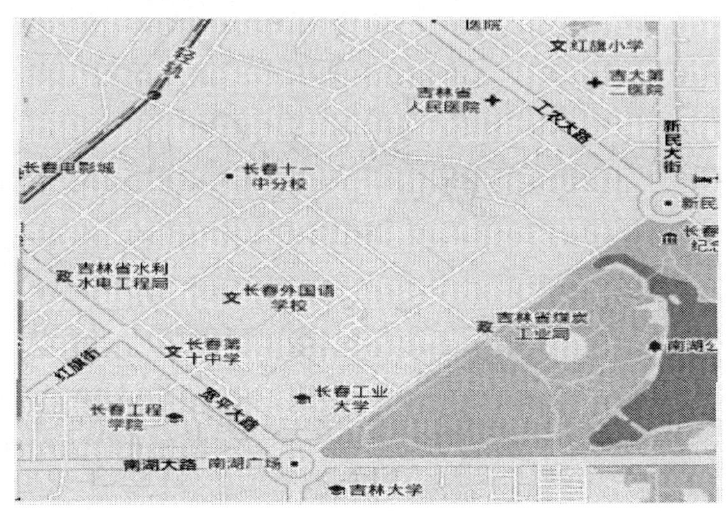

图 7-4　逆时针方向组织单向交通示意图

此方案也存在以下弊端:

(1)新民广场将增加两条驶入道,减少两条驶出车道,从而增加原本拥堵情形。

(2)需设置左转弯信号配时以保证交通流的逆时针行驶,从而增加区域机动车的延误。

(3)部分机动车通过新民广场和南湖广场需要绕行 3/4 周,增加了通过广场时间,增加了 12 个进出广场冲突点,加大了安全隐患。

通过两种方案实施的利弊分析,采用顺时针方向组织,是在目前新民广场和延安大街早晚高峰拥堵严重的情况下,一种有效缓解交通状况并改善区域机动车排放的手段。

7.2　单向改造区域交通仿真

实行单向交通,是国外缓解城市拥堵问题切实可行的方法之一,在长春市没有形成发达的立体交通网络之前,交警部门将加强交通流的科学组织,建立单向交通作为试点,从而缓解长春西南部地区交通紧张的局面,但如何合理的在顺时针组织单向交通的情况下保证公交车辆的正常运行,以及针对建立逆向公交车道设置合理的信号配时是仿真模型建立的重点。

7.2.1　逆向公交车道设置

长春市交通环境难以满足机动车辆日益增长的需要,交通拥堵现象日益明显,公交运行速度逐年下降。公交车在市区主干道的车速均低于20km/h,如遇雨、雪等恶劣天气,更是低于5km/h。即便是公交专用道,公交车只是几分钟才走一趟,如果禁止非公交车行驶,会造成道路资源浪费。长春市区超过2/3公交专用道没有实际意义,专用道不"专"的现象极其普遍。

经过调查,沿延安大街和红旗街行驶的公交线路共有17条,其中延安大街有13路、120路、159路、213路、230路、239路、282路、234路8条公交线路,公交站点4处,站点距离600m;红旗街有52路、80路、162路、230路、232路、234路、239路、255路、264路、267路、229路、156路、282路、159路14条公交线路,公交站点5处,站点距离500m。如红旗街和延安大街实行单行线后,将有14条公交线路受影响,经由延安大街的公交线路有8条,包括13路、213路、120路、230路、234路、239路、282路、159路。其中同时途经两条路段的公交车有159路、230路、239路、282路,如果平均每天运行3000多车次,客流量在15万人次左右。

延安大街目前的单向高峰交通流量为1300辆/h,红旗街目前的单向高峰交通流量为1550辆/h,交通流量调整后,延安大街、红旗街的交通流量约为2850辆/h。对于这两条线路上的公交车问题,因为直接关系到市民出行,交警部门调研,考虑到单向通行区域群众乘公交车出行需求,在红旗街和延安大街各设置一条逆向公交专用车道,允许其在湖西路口左转弯,但是在同德路口、长久路口禁止左转弯。

逆向公交车道一般设置在市中心的单向街道上,公共汽车行驶方向和混合流交通交通的行驶方向相反,要求较高的公共交通流量,设计中要注意将逆向公交专用道和混合流车道清楚分开以避免撞车,见表7-2。

公交专用车道的公共交通流量要求　　表7-2

类　　型	最低高峰小时单向公交量(辆)	最低高峰小时单向公交乘客量(人)	说　　明
沿街公交专用道	30～40	1200～1600	至少在同一方向有两条混合流车道
沿中间公交专用道	60～90	2400～3600	至少在同一方向有两条混合流车道
逆向公交专用道	40～60	1600～2400	至少在同一方向有两条混合流车道
公共汽车街	80～100	3200～4000	位于城市繁华路段

按照公交专用车道的公共交通流量要求，按平均发车间隔 5min 计算，延安大街单方向公交车流量为 96 辆/h，红旗街单方向公交车流量为 168 辆/h，已经完全具备了建立逆向公交专用道的条件，按照道路的情况以及顺时针组织单向交通的方案，提出了如图 7-5 所示的逆向公交车道设置方案，即将原来延安大街和红旗街的最右侧车道设置为逆向公交车道。

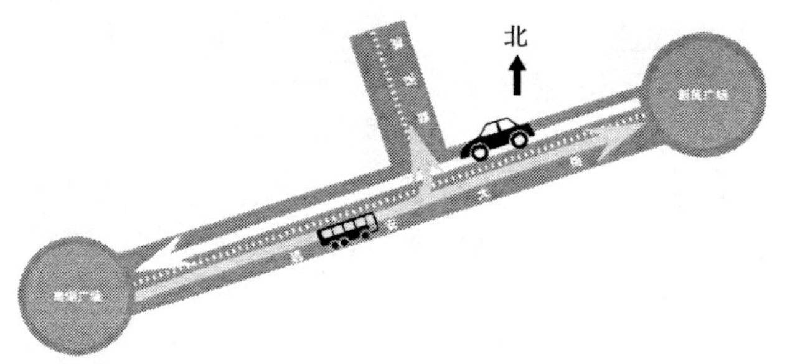

图 7-5　逆向公交车道设置示意图

7.2.2　信号控制方案设计

实行单向改造后，将道路结构、路网渠化情况及信号配时等相关信息参数输入到 Paramics 软件中，建立路网拓扑结构。图 7-6 为采用顺时针组织单向交通而建立的路网拓扑结构，其中红旗街和延安大街的最外侧车道及湖西路的两条驶向延安大街的车道设置为逆向公交车道，以保障公交车的正常运行。

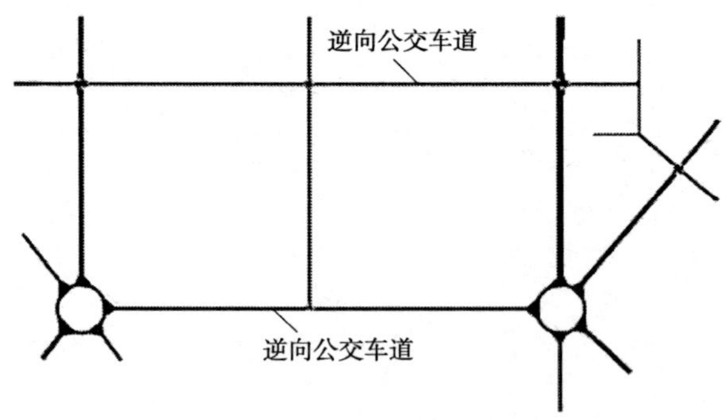

图 7-6　顺时针组织单向交通路网拓扑结构图

经过分析，组织单向交通便于进行信号控制配时，但由于同时设置了逆向公交车道，需要同时考虑逆向公交车辆的左转。具体信号配时考虑以下几点：

(1)为保证南北主要单向交通流的顺利运行，需要增大南北方向的绿灯时间，保证主要交通流的通行，尤其增加红旗街和延安大街与湖西路交叉口南北方向的绿灯时间。

(2)由于仅有逆向公交车道在红旗街和延安大街需要左转，所以只需要分配较短的左转绿灯时间就能满足公交车辆的转向。

(3)由于顺时针组织单向交通使区域大部分车流仅需通过右转，减少了大部分左转的绿灯时间，因此大大提高了信号配时的利用效率。

以下将对剩下的五个信号交叉口，依据实际的交通流量及转向比例，进行重新布置。经计算及相应调试后，各交叉口各相位的转向设置及时间分配详见表7-3。

单向改造信号配时交叉口配时情况设计 表7-3

交 叉 口	相 位	相位（均允许右转）	绿灯时长 g (s)	黄灯时长 (s)	信号周期长度 C (s)
红旗街与工农大路	相位1	南北直行 南北左转	66	2	118
	相位2	东西直行	20	2	
	相位3	东西左转	24	2	
红旗街与湖西路	相位1	南北直行 南北左转	64	2	92
	相位2	东西直行 东西左转	22	2	
红旗街与宽平大路	相位1	南北直行 南北左转	40	2	123
	相位2	东西直行	48	2	
	相位3	东西左转	27	2	
延安大街与湖西路	相位1	南北直行 南北左转	64	2	80
	相位2	东西左转	10	2	
清华路与新民大街	相位1	南北直行	75	2	111
	相位2	东西直行	30	2	

7.3 排放优化情况分析

评价优化方案时，选择下午17：30～18:30之间这段交通高峰期的OD需求作为基础 OD 需求。用于评价在这个 OD 需求水平上,不同优化方案的环境效益和延误效益。由于 Paramics 中的 Modeller 是一个随机仿真器,随着输入的随机种子不同,输出结果也不相同。因此,为了使统计结果更加准确,我们每一次实验选择多个车型样本,并取其平均值,所有的仿真实验的持续时间都为 60min。

7.3.1 分车型排放优化

通过单向改造和逆向公交车道的设置,减少了机动车的延误和排队次数,使机动车运行更加平稳运行,见表 7-4。

分车型机动车区域内瞬态排放率单向改造前后对比　　表 7-4

车型 \ 参数	CO(mg/s)		HC(mg/s)		NO_x(mg/s)	
	优化前	优化后	优化前	优化后	优化前	优化后
轻型车	2.2240	1.9768	0.2233	0.2121	0.6655	0.6244
中型车	3.1924	3.0248	0.3202	0.2763	0.2034	0.1723
公交车	4.8435	4.1024	1.8053	1.7952	18.7085	16.3254

轻型车、中型车和公交车的三种排放污染物的质量排放率都有比较明显的降低,具体表现在:三种类型机动车的排放污染物质量排放率相对于改造之前均有所下降,其中轻型车和公交车的 CO 质量排放率下降明显,分别降低了 11.12% 和 15.30%;中型车的 HC 和 NO_x 质量排放率下降明显,分别降低了 13.71% 和 15.30%;公交车的 NO_x 质量排放率也有 12.74% 左右的降低。

7.3.2 区域排放总量优化

对比实施单向改造前后区域排放总量的变化情况如图 7-7 所示,实行单向改造后,区域机动车三种排放污染物小时排放量均有所降低,小时排放总量降低了 4.62%。

分析其原因:车辆在交叉口行驶时,较大比例的怠速工况造成了车辆频繁的起动,机动车比功率处于较高的区间,大约是运行较为平稳的 bin4 时污染物排放率的 2 ~3 倍。单向改造带来了区域机动车延误的降低,增加了机动车的运行速度,保证了交通流运行畅通,车辆运行工况有很大程度的改善,发动机转速提高,燃料燃烧充分,将空燃比控制于理论空燃比附近,因此机动车需要较小的输出功率,由此带来了三种排放物质量排放率的降低。

综上所述,红旗街—延安大街区域单向改造带来了机动车运行工况的改善,使机动车处于较低的比功率范围,带来了三种排放污染物质量排放率的降低,并降低了区域机动车排放总量，有效地改善了区域的机动车排放污染，在保持现有基础设施不变的情况下通过单向改造可以有效地改善道路环境。

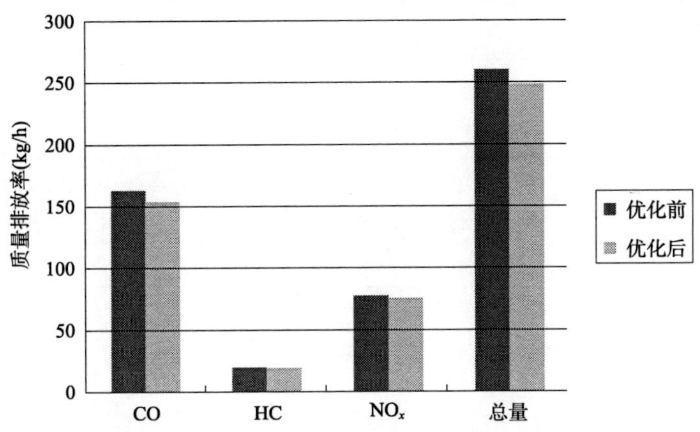

图 7-7　实施单向改造后区域小时排放总量的变化情况

7.4　交通运行优化分析

Paramics 软件中的 Analyser 模块用于展现由 Modeller 或 Processor 的仿真过程的统计结果。它采用灵活易用的图形用户界面将仿真过程中的各种结果进行可视化的输出，例如车辆行驶路线、路段交通流量、最大车队长度、交通密度、速度和延迟，以及服务水平参数等。除了可视化输出，Analyser 也提供直接的数字输出或将数据存为文本文件以备进一步的应用。

本部分利用 Processor 模块中的分析报告功能获取在主要路段上的交通运行状态的对比，比较不同交通控制策略下交通运行状况的改进程度。

7.4.1　分段路运行优化

单向改造后，红旗街和延安大街的交通延误都有所降低，最显著的是延安大街，见表 7-5。

单向改造后，红旗街和延安大街改为 3 条同向行驶车道及 1 条逆向公交车道，在南北方向车流通过湖西路与红旗街及延安大街两个交叉口时，更大的绿灯时间有效降低两个路口的延误和排队长度，其排队延误和控制延误都得到很大的改善。通过选定的平均行驶延误、平均排队长度及最大排队长度的作为评价指标，对选定的六个路段进行对比表明：

(1)在单向改造后,较大程度地改善了红旗街与工农大路交叉口的两个入口的延误和排队情况,其中东路段平均行驶延误下降了9.3s,同时平均排队长度和最大排队长度均有一定程度的降低;由于单向改造带来交通流在区域顺时针运行,大大减少了交叉口南路段车流量,使南路段的延误降低了14.3s,平均排队长度减少了1.2pcus,最大排队长度减少了2.2pcus。

分路段交通运行状况优化对比 表7-5

交叉口	路段	平均行驶延误(s)		平均排队长度(pcus)		最大排队长度(pcus)	
		改造前	改造后	改造前	改造后	改造前	改造后
红旗街与工农大路交叉口	东路段	79.3	70.3	23.8	23.3	34.3	32.4
	南路段	98.2	83.9	26.4	25.2	38.6	36.4
延安大街与新民广场	广场入口	67	62	21.2	1	32.2	1.6
	湖西路口	43	47.6	13.6	14.2	18.9	20.1
延安大街与南湖广场	广场入口	53	58.3	18.4	18.9	26.4	27.5
	湖西路口	39	43	14.3	14.8	21.1	22.6

(2)由于交通流集中在延安大街上的三条车道,延安大街与南湖广场入口的延误及排队略有增加,其中平均行驶延误增加了5.3s,而平均排队长度和最大排队长度分别增加了0.5pcus和1.1pcus;同时由于设置逆向公交车道,延安大街与新民广场的广场入口段的车辆仅有公交车辆,平均排队长度只有1pcus;延安大街与湖西路的两个路口由于通行车流分别为混合车流和公交车,所以排队差异明显。

7.4.2 总体运行优化

单行改造前后的总体交通运行情况对比见表7-6,单向改造之后,达到了减少交通参与者旅行时间延误,有效提高机动车运行速度等目的。

单向改造前后的总体交通运行情况对比 表7-6

参数	优化前	优化后	改善情况
轻型车及中型车平均速度(km/h)	11.82	13.22	12.68%
公交车平均速度(km/h)	8.81	13.71	55.47%
所有车辆平均速度(km/h)	11.69	13.77	17.79%
轻型车及中型车平均延误(s)	438	388.77	-11.24%
公交车平均延误(s)	769.21	605.21	-21.32%
机动车平均延误(s)	451.94	398.75	-11.77%

单向改造带来了机动车行驶速度的提高以及延误的降低,较大程度地改善了

区域的机动车运行状况。经过有顺时针组织单向改造、逆向车道设置及交叉口时空资源的优化设计，机动车平均速度增加了 17% 以上，机动车平均延误减少 11% 以上。

总的来说，实行单向改造后，红旗街—延安大街整个区域的排放和延误都能得到不同程度的改善，因此实行单向通行对区域道路进行改造，是一种改善道路环境质量及减少交通拥堵的可行的方式。

7.5　小结

本章针对红旗街—延安大街区域的交通拥堵和机动车排放严重现状，将适合区域道路结构和交通特点的单向改造作为区域交通管控手段；在对顺时针和逆时针组织单向交通进行利弊分析后，选择顺时针组织作为设计方案，将延安大街、红旗街、万宝街及清华路的双向通行变为单向通行，车道数保持不变；利用 Paramics 交通仿真软件进行了单向改造后交通流仿真，并结合微观排放模型得到了仿真后的排放总量。单向改造前后对比，区域机动车三种排放污染物小时排放量均有所降低，小时排放总量降低了 4.62%。单向改造前后交通延误的对比，经过有效的单向改造、逆向车道设置及交叉口时空资源的优化设计，机动车平均速度增加了 17% 以上，机动车平均延误减少 11% 以上。结果表明对区域路网进行单向改造，是一种改善道路环境质量及减少交通拥堵的可行的方式。

第8章　基于信号配时的区域排放优化

合理的信号控制技术是解决交通拥挤问题保证交通流运行顺畅的主要方法之一。信号控制技术的关键在于信号配时方案,即确定合理的信号周期、信号相位和绿信比,以及与邻近交叉口的信号配时进行协调等。本章采用Synchro信号配时优化软件进行红旗街—延安大街区域的信号配时优化,并分析优化前后机动车排放总量的变化及交通流运行状况的变化。

8.1　城市道路交通信号优化分析

城市交通控制的目的在于提高道路交通安全和通行能力。信号控制是城市交通控制的主要形式之一,信号控制效率的优劣,直接关系到城市交通控制的成效。优化的交通信号控制能最大限度地提高交叉口的使用效率,具体地讲,就是一方面能使道路使用者的延误、停车率和排队长度等指标尽可能小;另一方面能使道路交通管理的效率最高(即交叉口的通行能力最大)。

8.1.1　信号配时参数介绍

交通信号控制,是运用现代的信号装置、通信设备、遥测及计算机技术等对动态的交通进行实时的组织与调整。通过交通信号控制 ,在未饱和交通条件下,降低车辆行驶延误,减少红灯停车次数,缩短车辆在路网内的行驶时间,提高路网的整体通行能力;在饱和交通条件下,使交通流有序行进,分流车辆,缓解堵塞。

城市交叉口信号控制的技术关键在于信号配时的确定。信号配时的主要内容为确定信号的周期时长、绿信比以及相位差。其中以周期时长为决定交通效益的关键控制参数。

(1)信号相位。信号机在一个周期有若干个控制状态,每一种控制状态对某些方向的车辆或行人配给通行权,对各进口道不同方向所显示的不同信号灯色的组合,称为一个信号相位。我国目前普遍采用的是两相位控制和多相位控制。

(2)信号周期。是指信号灯各种信号灯色显示一个循环所用的时间,单位为秒。信号周期又可分为最佳周期时间和最小周期时间。

(3)绿信比。是指在一个周期内,有效绿灯时间与周期之比。周期相同,各相位的绿信比可以不同。

$$\lambda = \frac{g}{c} \tag{8-1}$$

式中:λ——绿信比;

g——绿灯时间,s;

c——周期时间,s。

(4)相位差。是指系统控制中联动信号的一个参数。它分为相对相位差和绝对相位差。相对相位差是指在各交叉口的周期时间均相同的联动信号系统中,相邻两交叉口同相位的绿灯初始时间之差,单位为秒。此相位差与信号周期时间之比,称为相对相位差比,用百分比表示。在联动信号系统中选定一个标准路口,规定该路口的相位差为零,其他路口相对于标准路口的相位差,称为绝对相位差。

(5)绿灯间隔时间。从失去通行权的上一个相位绿灯结束,到得到通行权的下一个相位另一方向绿灯开始的时间,称为绿灯间隔时间。在我国,绿灯间隔时间为黄灯加红灯或全红灯时间。当自行车和行人流量较大时,由于自行车和行人速度较慢,为保证他们的安全,可以适当增加绿灯间隔时间。

此外,信号控制的基本参数还有饱和流率、有效绿灯时间、信号损失时间、黄灯时间、交叉口的通行能力与饱和度等。

城市交叉口信号控制的技术关键在于信号配时。信号配时的主要内容为确定信号配时的周期时长、绿信比以及相位。其中,以周期时长为决定交通效益的关键控制参数。以往应用的交通信号控制的配时方案多以延误为基础,即以停车延误最小为目标来确定周期时长,进而确定其他各参数。在道路条件确定的前提下,在正常的周期时长范围内,周期时长越长,通行能力越大,但车辆延误及停车率也随之增长。信号交叉口通过延长周期时长所提高的通行能力远大于交通需求时,即饱和度很小时,对通车状况改善带来的效益有限,相反却会无谓地增加机动车延误。交叉口的信号配时,应配以适当的周期时长让通行能力稍高于交通需求而使延误、停车、排队等指标达到最小。

8.1.2 Synchro 软件介绍

Synchro 系统是美国 Trafficware 公司开发的专门用于信号配时优化的交通仿真软件,致力于信号配时,且以延误、停车次数、排队长度三项性能指标构成的综合优化指标为目标函数,是一种使用简便的高效信号配时优化软件。Synchro 系统包含了信号配时优化模型、延误计算模型、排队长度计算模型、停车次数计算模型、通行能力计算模型、服务水平模型六个模型。本章将 Synchro 作为红旗街—延安大街区域的信号配时优化软件，采用其中的信号配时优化模型来对信号配时的信号周期时长、相位绿信比及相序进行优化。

交叉口信号配时的主要设计参数是信号周期和相位时间，优化周期的方法是 Synchro 在自然周期的基础上优化相位，调整相位时间。如果满足一定的百分比车道组交通量(例如 90%、70%、50% 的车道组流量)，则采用该周期，否则增大信号周期，不断重复上述步骤。在此过程中，需要计算性能指标，如果没有满足百分比车道组交通量的信号周期，则选用性能指标 P 最低的信号周期长度。计算性能指标为：

$$P = \frac{D \times 1 + S_t \times 10 + Q_p \times 100}{3600} \tag{8-2}$$

式中：P——综合性能指标；

D——百分信号延误，s；

S_t——停车次数；

Q_p——排队长度，m。

具体信号配时优化步骤如图 8-1 所示。

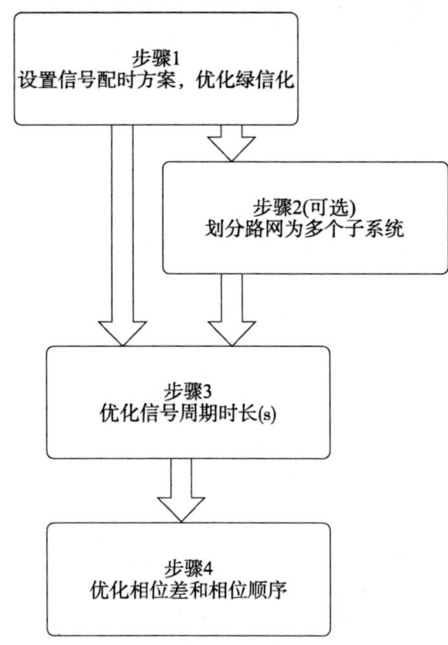

图 8-1　Synchro 软件优化信号配时顺序

步骤一：设置好现有的信号交叉口配时方案。设置好各个独立交叉口的信号配时方案步骤如下：输入车流量数据、输入车道数据、通过相位参数输入每个转向的相位数、优化信号周期时长和片段数、检查容量。

步骤二：划分仿真网络为若干个子系统，这一步是可选的。划分网络命令是把交通网络划分为若干个区域，在信号周期时长优化时，每个区域可以看做一个单独的系统进行优化。

步骤三：确定系统的信号周期时长，可以创建多个区域并分配给各个区域不同的信号周期时长。当优化信号周期时长时，需要优化相位差来判断信号周期时长的运行情况。快速优化相位差，通常有助于确定信号周期时长的工作状况，只要信号周期时长确定，相位差优化结果就能得到。

步骤四：在确定系统的信号周期时长后，最后一步为优化相位差以及确定相位的先后顺序。

8.2　信号配时优化仿真

信号配时优化可以有效均衡交叉口各个入口交通流并综合考虑相近交叉口的信号配时情况。本节分析现有交叉口的配时情况并发现存在的主要问题，进而构建 Synchro 仿真拓扑图，并在进行信号配时优化后，分析其各相位绿灯时间的增减，以控制延误、停车次数、95% 排队长度三个指标来对比区域内 15 个主要入口的交通流运行改善情况。

8.2.1　仿真模型构建

在对红旗街—延安大街区域研究时，考虑了红旗街与工农大路、红旗街与湖西路、红旗街与宽平大路、延安大街与湖西路、新民大街与清华路五个信号交叉口的配时情况，目前主要存在问题有：

(1) 各入口交通流不均衡，信号配时状况需要调整。

(2) 高峰时交叉口交通流量大，处于接近饱和状态。

Synchro 信号配时优化软件可以综合考虑上述两个问题，提供一个较理想的信号配时方案，根据各条道路的拓扑结构，建立了图 8-2 所示的 Synchro 仿真拓扑图，图 8-3 为重点分析的四个交叉口的几何形状及道路渠化情况。

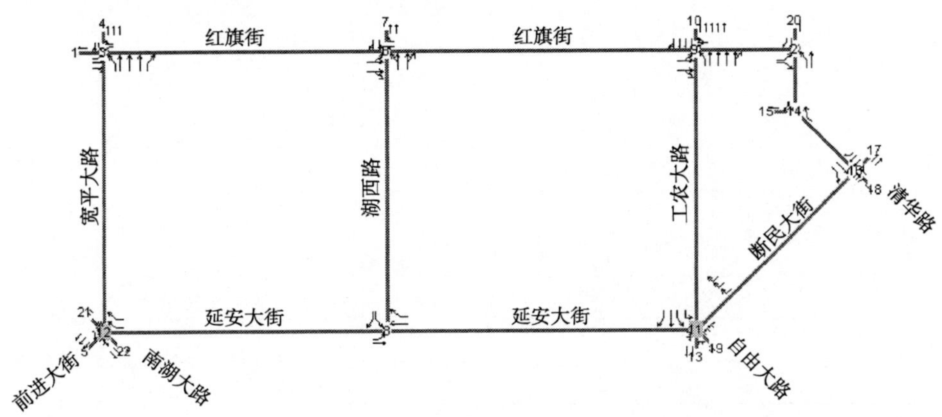

图 8-2　红旗街—延安大街区域 Synchro 仿真拓扑图

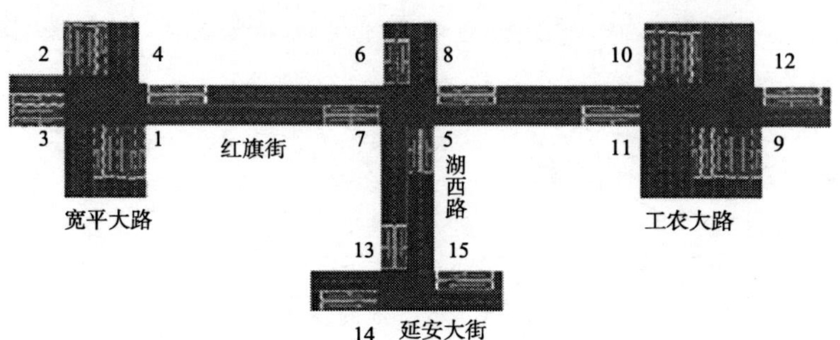

图 8-3　四个信号交叉口的几何形状及渠化情况

8.2.2　交叉口配时优化效果

采用 Synchro 软件对四个交叉口的信号配时优化,得到了表 8-1 所示的各个主要信号交叉口信号配时变化情况。

各个主要信号交叉口信号配时变化情况　　表 8-1

交叉口	转弯类型（均允许右转）	绿灯时间(s)		信号周期时长(s)	
		优化前	优化后	优化前	优化后
红旗街与工农大路	东西直行	52	29	152	116
	南北直行 南北左转	51	56		
	东西左转	43	25		
红旗街与湖西路	东西直行 东西左转	47	50	107	116
	南北直行 南北左转	58	60		
红旗街与宽平大路	东西直行	66	48	148	156
	南北直行 南北左转	54	75		
	东西左转	22	27		
延安大街与湖西路	南北直行	62	86	94	156
	东向左转	28	64		

由于所选择路口不是城市主干路的路口,同时相邻路口之间的距离超过了 600m,不够集中的直行交通流无法通过线控实现最大“绿波带”来达到各主要信号

交叉口的协调控制，所以，不能通过线控来完成各个交叉口之间的协调控制。但Synchro软件可以综合考虑各个交叉口的距离和交通流量，提供最优的信号配时周期时长及各个入口的绿灯时间来实现交叉口指标的优化。分析如下：

(1)红旗街与工农大路及湖西路两个路口，由于相隔较近，优化后同为116s的信号周期时长，便于信号协调。其中南北方向交通流较为集中，分别增加了5s和2s通行时间，使两个交叉口南北方向直行绿灯时间更为接近；与工农大路交叉口的东西直行交通流由于较少，降低了23s的绿灯时间；在保持两个左转专用车道的情况下，与工农大路交叉口的左转绿灯时间降低了18s。

(2)红旗街与宽平大路交叉口增加了南北直行及东西左转的绿灯时间，从而满足两个方向接近饱和的交通流量，而东西直行交通流较少，降低了18s的绿灯时间。

(3)延安大街与湖西路同时增加了南北直行和东向左转的绿灯时间，总的信号周期时长增加了62s，更长的信号周期时长可以提供更大的通行能力，同时降低停车次数。

选择Synchro软件中描述机动车运行状态变化的控制延误、停车次数、95%排队长度三个参数，按照图8-3各个交叉口入口的标号，对比15个信号交叉口入口的配时优化后的运行状态改善情况，如图8-4所示。

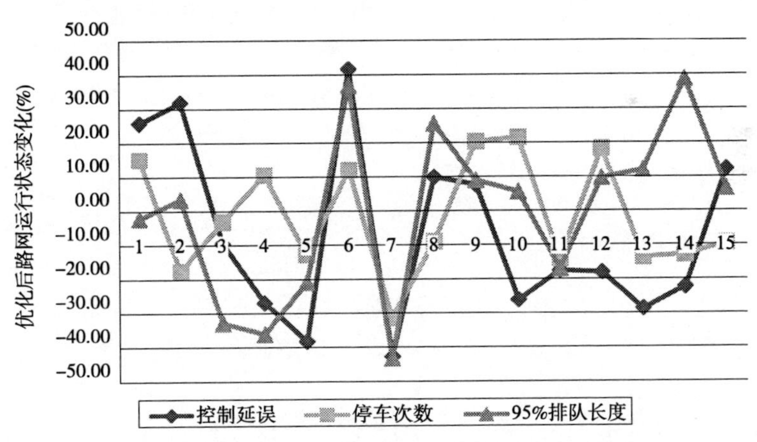

图8-4　主要信号交叉口入口配时优化后交通运行变化示意图

结论分析如下：

(1)仅有4个入口在配时优化后，控制延误、停车次数、95%排队长度三个参数均有减少，包括红旗街与宽平大路交叉口的南入口、红旗街与湖西路交叉口的东入口及南入口、红旗街与工农大路交叉口的南入口，其余11个入口三个参数各有不同程度的增减。

（2）原本拥堵较为严重的红旗街与工农大路交叉口的南入口，通过增加绿灯通行时间，其中控制延误减少了17.46%，停车次数降低了14.03%，而95%排队长度降低了16.88%；虽然相应地降低了东入口的绿灯时间，不可避免的造成了三个参数的增加，但增加较为有限。虽然四个路口控制延误有增有减，但均衡了各个方向交通流，并降低了三个入口的排队长度。

（3）延安大街与湖西路交叉口大大增大了信号周期时长，较大的信号周期时长会导致控制延误和排队长度增加，停车次数减小。西入口和北入口控制延误均有减少，而北入口增加较为明显，控制延误增加了12.17%，而95%排队长度增加了6.51%；三个入口的停车次数均有所减少，范围介于9.4%～13.5%。

优化结果还反映出以下规律：入口控制延误的增加对应着停车次数和95%排队长度的一个增加或同时增加，由于控制延误反映交叉口服务水平的大小，表明交叉口服务水平低的外在表现为较多的停车次数和较大的排队长度。

8.3 排放优化情况分析

评价优化方案时，同样选择下午17：30～18:30之间这段交通高峰期的OD需求作为基础OD需求。用于评价在这个OD需求水平上，信号配时优化方案的环境效益和延误效益。为了使统计结果更加准确并得到分车型的质量排放率，选择了包含三种车型和涵盖各条区域道路的OD出行作为实验车型样本，取其平均值，仿真实验的持续时间都为60min。

8.3.1 分车型排放优化

通过信号配时优化，减少了机动车的加减速次数，使机动车在更加良好的工况下运行，轻型车、中型车和公交车的三种排放污染物的质量排放率相比较，都有明显的降低，见表8-2。

分车型机动车区域内瞬态排放率信号配时优化前后对比 表8-2

参数 / 车型	CO(mg/s)		HC(mg/s)		NO_x(mg/s)	
	优化前	优化后	优化前	优化后	优化前	优化后
轻型车	2.2240	2.0143	0.2233	0.2221	0.6655	0.6085
中型车	3.1924	3.1233	0.3202	0.3191	0.2034	0.1776
公交车	4.8435	4.3154	1.8053	1.8113	18.7085	18.0367

具体表现在：轻型车的三种排放污染物的质量排放率的下降明显，CO 和 NO_x 都有 10% 左右的降低；中型车的 CO 和 NO_x 质量排放率减少了 2.1% 和 12.7%；公交车的 CO 和 NO_x 质量排放率减少了 10.9% 和 3.6%；但对于 HC，三种车型的质量排放率变化较小，其中公交车的质量排放率有 0.3% 的增加。

8.3.2　区域排放总量优化

对比信号配时优化前后区域小时排放总量的变化情况可以看到，如图 8-5 所示，通过对区域信号配时的综合考虑及合理优化，机动车三种排放污染物小时排放量均有所降低，小时排放总量降低了 7.93%。

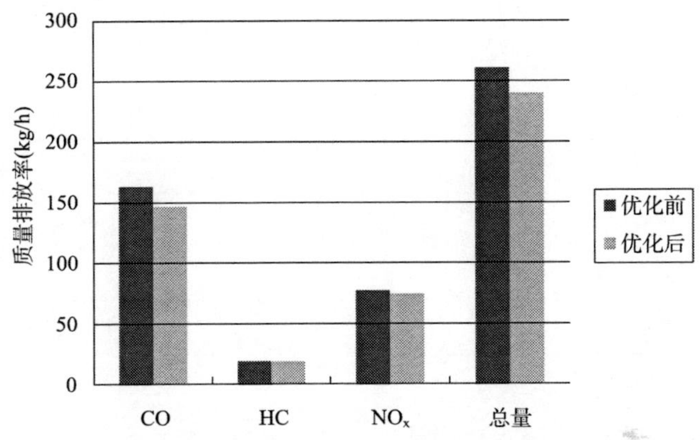

图 8-5　信号配时优化后区域小时排放总量的变化情况

分析其原因：信号配时优化之前，由于对通过交叉口的交通量没有合理平衡配时时间，增加了一些入口的机动车停车次数，带来了机动车运行加减速比例的增加从而带来了比功率较多处于较高的区间，通过信号配时优化，有效地降低了机动车加减速的次数，改善了机动车的运行工况，使机动车比功率更多地处于较小的区间，带来了三中排放物小时排放总量的减少。表明通过信号配时优化在增加了区域交通通行能力的基础上仍能有效地改善区域的排放。

因此，可以得出结论：合理的信号配时，可以有效地改善路网的机动车运行状况，降低机动车污染物的排放，在不改变道路基础上通过优化信号配时可以对周围居民及道路行人的环境提供积极的改善。

8.4　交通运行优化分析

道路交叉口作为路网的重要组成部分，其通行能力的好坏很大程度上取决于交叉口处理交通流的好坏,因此在综合考虑相近交叉口的交通流情况下,通过合理的配时优化,找到最优的信号周期时长和有效绿灯时间,平衡各个入口的交通流,可以使道路上的车辆延误降到最小。本节采用分路段运行优化和总体运行优化来对比信号配时优化前后各个入口及总体的交通运行变化情况。

8.4.1 分路段运行优化

通过选定的平均行驶延误、平均排队长度及最大排队长度的作为评价指标,见表8-3。

分路段交通运行状况优化对比 表8-3

交叉口	路段	平均行驶延误(s)		平均排队长度(pcus)		最大排队长度(pcus)	
		改造前	改造后	改造前	改造后	改造前	改造后
红旗街与工农大路交叉口	东路段	79.3	89	23.8	24.6	34.3	35.7
	南路段	98.2	85	26.4	25.5	38.6	36.9
延安大街与新民广场	广场入口	67	72	21.2	21.6	32.2	33.5
	湖西路口	43	39	13.6	13.3	18.9	18.1
延安大街与南湖广场	广场入口	53	44	18.4	18.1	26.4	25.7
	湖西路口	39	34	14.3	13.9	21.1	20.4

对选定的六个路段进行对比表明:

(1)红旗街通往工农大路的南路段平均行驶延误及排队下降明显,平均行驶延误降低了13.2s,而平均排队长度和最大排队长度也分别下降了0.9pcus和1.7pcus;东路段由于平衡交叉口交通流带来了通行时间减少,增加了平均行驶延误和排队长度,但增加较少,平均行驶延误增加了9.7s,平均排队长度和最大排队长度增加了0.8pcus和1.4pcus。

(2)延安大路与湖西路交叉口绿灯通行时间的增加,大大降低了两个路口的平均排队长度及最大排队长度,平均行驶延误变化不大;两个广场入口路段的延误有增有减,其中延安大街至南湖广场平均行驶延误改善很多,并且有效地降低了排队长度,较大程度地改善了通往南湖广场的交通状况。

8.4.2 总体运行优化

将Paramics利用Synchro优化的信号配时结果进行仿真得到的交通运行状况和现有交通状况对比见表8-4。

信号配时优化前后的总体交通运行情况对比　　表 8-4

参　数	优化前	优化后	改善情况
轻型车及中型车平均速度(km/h)	11.82	13.47	13.96%
公交车平均速度(km/h)	8.81	11.52	30.76%
所有车辆平均速度(km/h)	11.69	13.38	14.46%
机动车平均延误(s)	438	324.91	-25.82%
公交车平均延误(s)	769.21	584.91	-23.96%
所有车辆平均延误(s)	451.94	335.84	-25.69%

通过 Synchro 软件对区域主要交叉口的综合考虑及合理优化,起到了提高机动车运行速度和降低机动车延误的目的。优化前后对比可知,通过信号配时优化,可以有效提高机动车 14% 以上的运行速度,同时可以降低 25% 以上的延误时间。

综合来说,通过对信号配时进行优化,红旗街—延安大街整个区域的排放和延误都能得到不同程度的改善,因此将区域的信号配时现状进行合理的调配,可以有效改善区域机动车运行状况,是一种在不改变现有路网结构的基础上简便快捷的改善手段。

8.5 小结

本章针对红旗街—延安大街区域信号配时不能合理调节各个方向交通流的现状,采用 Synchro 信号配时优化软件,对区域内各个主要信号交叉口的配时进行优化以及区域信号配时协调,将优化得到的配时参数输入 Paramics 软件进行仿真,结合微观排放模型计算得到了仿真后的区域排放情况。对比信号配时优化前后排放和延误情况,区域机动车三种排放污染物小时排放量均有所降低,排放总量有 7.93% 的降低;通过信号配时优化可以提高区域路网机动车 14% 以上的运行速度,同时降低 25% 以上的延误时间。表明通过信号配时优化在改善了区域机动车运行状况的基础上仍能有效地降低机动车的排放总量,是在不改变现有路网结构的基础上简便快捷地改善环境的手段。

第9章 考虑地域差异的机动车排放清单建立方法

9.1 柴油车排放清单建立方法

随着我国交通产业的持续发展,机动车保有量迅速攀升,机动车污染物的排放给大气环境造成严重破坏,同时,由于机动车尾气的排放高度接近人体呼吸区域高度,因此相比于其他污染源危害更大。《2015 年国人健康白皮书》中将 CO、HC、NO_x、PM2.5 与 PM10 五种污染物列为危害国民健康的最主要污染物,环境保护部 2015 年上半年机动车污染物排放调查结果显示,柴油车占机动车 NO_x 的总排放量的 60%,占机动车 PM2.5 与 PM10 的总排放量的 90%,柴油汽车的污染排放问题越来越受到社会各界的广泛重视。通过合理有效的数学模型和计算方法获得柴油车的排放清单,对当前的环境污染形势和发展趋势进行重新评估,可以使节能减排政策的制定和环境治理更有针对性。

有关柴油车排放清单计算的研究较少,相关研究集中于分析道路特征、驾驶特征等对柴油车瞬态排放的影响。例如陈晓明等研究了道路工况、行驶特征、驾驶行为以及柴油车载荷等因素对柴油车排放的影响规律;王燕军等采用 PEMS 和底盘测功机相结合进行实验,研究了不同负载和两种测试工况对重型车排放因子的影响;国外的 IVE 模型在我国应用较为广泛,是国外开发的适用于发展中国家进行本地化处理的排放计算模型,相关研究表明模型中车辆基本排放因子与道路遥感测试结果存在较大差异。本章基于相关法规提供的排放因子为基础,采用环境参数、平均车速、载重因数、劣化系数进行修正得到适合区域特点的排放因子,并以某市为例开展了排放清单应用研究。

9.1.1 排放因子修正方法建立

1)柴油车综合排放因子

柴油车综合基础排放因子是区域排放清单建立的基础参数,一般以 g/km 作为计量单位。不同类型的柴油车排放差异巨大,本章将柴油车按照使用用途划分为客车（小型、中型、大型）、货车（轻型、中型、重型）以及公交车共7种车型。排放标准是对新生产车辆排放水平的限定值，自我国2000年发布第一阶段机动车排放标准至今，每隔3~4年发布下阶段的排放控制标准，通常新一阶段标准相对于之前标准排放削减30%以上。目前对于新车定型时排放水平低于国三排放标准的柴油车，经环保定期检验，未并达到相关在用车排放标准的，称为“黄标车”。由于其单车污染排放严重，自2013年1月起，全国各地相继出台了淘汰黄标车的相关法规政策，因此本章并未将“黄标车”考虑在内。

本章中柴油车的综合基本排放因子$BEF_{m,i,j}$是基于全国2014年各类车辆类型在平均累积行驶里程和各典型城市气象条件（温度为15℃，相对湿度为50%）、行驶工况（30km/h）、载重系数（柴油车典型工况载重系数为50%）和燃油品质（柴油和汽油硫含量分别为350×10^{-6}和50×10^{-6}）等情景下获得的，参照国三、国四、国五的排放标准获得具体综合排放因子数据见表9-1。

不同类型柴油车排放因子 表9-1

机动车类型		机动车污染物排放情况（g/km）				
		CO	HC	NO_x	PM2.5	PM10
小型客车	国三	0.14	0.024	0.841	0.032	0.036
	国四	0.13	0.016	0.679	0.031	0.034
	国五	0.13	0.016	0.679	0.031	0.034
中型客车	国三	2.12	0.364	3.347	0.148	0.164
	国四	1.84	0.364	2.678	0.106	0.118
	国五	1.84	0.364	2.276	0.053	0.059
大型客车	国三	6.74	0.283	9.892	0.395	0.439
	国四	3.25	0.107	9.892	0.252	0.28
	国五	1.62	0.054	8.64	0.126	0.14
轻型货车	国三	1.88	0.368	3.765	0.13	0.144
	国四	1.48	0.186	2.636	0.058	0.064
	国五	1.48	0.186	2.24	0.012	0.013
中型货车	国三	2.09	0.203	6.221	0.171	0.19
	国四	1.65	0.103	4.354	0.099	0.11
	国五	1.65	0.103	3.701	0.02	0.022

续上表

机动车类型		机动车污染物排放情况(g/km)				
		CO	HC	NO_x	PM2.5	PM10
重型货车	国三	2.79	0.255	7.934	0.243	0.27
	国四	2.2	0.129	5.554	0.138	0.153
	国五	2.2	0.129	4.721	0.027	0.03
公交车	国三	6.74	0.283	9.892	0.395	0.439
	国四	3.25	0.107	9.892	0.252	0.28
	国五	1.62	0.054	8.64	0.126	0.140

2)模型计算框架

柴油车的污染物排放受到很多因素的影响,在广泛查阅国家统计局年鉴、道路机动车排放清单编制指南及各地市环保局统计数据的基础上,建立不同地域差异影响的修正因子模型,综合考虑发动机运行状态、环境状况、车辆类型、燃料性质、驾驶行为、车辆载重等实际因素,结合各区域的柴油车保有量以及不同类型柴油车的平均行驶里程数据,可以建立柴油车CO、HC、NO_x、PM2.5、PM10的排放清单,模型计算框架图如图9-1所示。

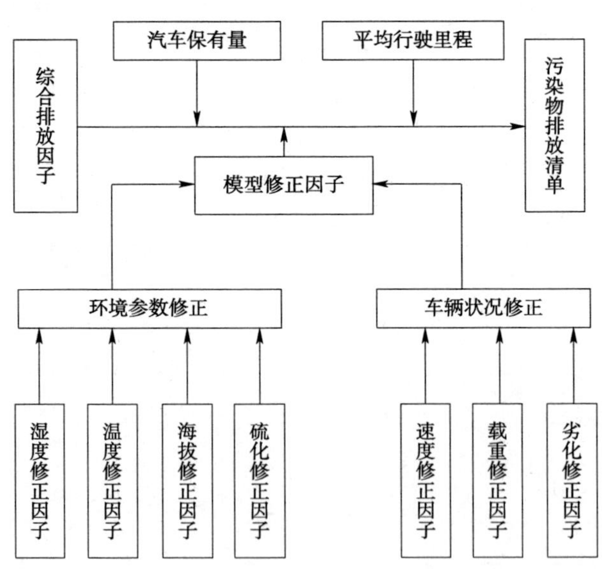

图9-1　模型计算框架图

9.1.2　柴油车排放影响因素分析

不同地域的温度、湿度、海拔等环境参数相差巨大,此外车辆运行速度、载重系数、劣化系数等参数也存在较大差异,这些因素都会影响柴油车的排放。引入不同状况下的修正因子可以量化复杂的柴油汽车的排放状况,使修正后的污染物排放模型能够与当地排放实际情况更加相符。

1)环境参数修正因子

中国幅员辽阔,不同地域气候条件差异很大,其中包含高原寒冷和干燥地区、北方寒冷和干燥地区,南方高温和潮湿地区等。不同地域温度差别比较大,如南方的武汉、重庆地区的年最高气温可达到40～42℃,北方的漠河最低气温可达到-32℃;就海拔而言,我国青海、贵州等地平均海拔在2000m以上,而天津、上海等地的平均海拔只有3～4m;各地的大气相对湿度也有明显差异,贵阳的年平均相对大气湿度为85%,西藏拉萨却只有25%。

环境状况对于柴油汽车的发动机运行工况有很大的影响,发动机运行工况的改变将直接影响柴油汽车的排放。例如在在高海拔寒冷地区,海拔越高,空气越稀薄,大气压力也就越小,这将导致柴油发动机过量空气系数λ急剧变小;同时低温环境下柴油汽车燃料黏稠度会升高,雾化效果不好,形成过浓的燃料混合气,混合气过浓将会使得发动机燃烧不充分,缺氧环境和不完全燃烧的状况下将会大幅度增加CO和HC的排放量。相比之下在炎热潮湿地区,发动机容易过热,工作效率低,燃料消耗增加,空气相对湿度的增加会使得燃料在燃烧室中局部产生不充分燃烧,不充分燃烧时容易产生积炭,使发动机产生表面点火,导致早燃和爆燃等粗暴的工作状况使NO_x和PM排放的升高。

环境参数的修正因子主要包括温度、湿度、海拔等因素。本文根据《道路机动车大气污染物排放清单编制技术指南》中对于机动车环境因子的规定,剔除汽油车部分的内容,并将相邻环境状态下差别不大的柴油车环境因子进行整合,最终得到高态和低态两种状态下的柴油车环境参数修正因子,见表9-2。

柴油车环境参数修正因子　　表9-2

污染物	速度区间(km/h)				
	<20	20～30	30～40	40～80	>80
CO	1.29	1.10	0.93	0.70	0.61
HC	1.38	1.12	0.91	0.64	0.48
NO_x	1.39	1.12	0.91	0.60	0.28
PM2.5/PM10	1.36	1.12	0.91	0.65	0.48

2)平均车速修正因子

我国各城市交通环境存在很大的差异,就柴油车平均车速而言,北京、上海等一线城市的柴油车平均车速为35km/h,济南、淄博等二线城市的柴油车平均车速为45km/h,拉萨、贵阳、西宁等西部城市柴油车平均车速可以达到60km/h。

φ_a 平均车速直接影响发动机的工况和排放状态,当柴油车以怠速和低速小负荷状态运行时,此时发动机的转速比较低,空气运动减弱,喷油压力下降,燃油雾化效果较差,混合气质量不高,这将导致燃料燃烧不充分,污染物的排放增加。随着发动机转速增高,在一定的转速范围内,发动机散热损失和漏气损失减小,压缩终点温度和喷油压力增高,燃油燃烧充分,污染物排放相对减少。参考《道路机动车大气污染物排放清单编制技术指南》中车速对于污染物排放的影响,我们选取柴油车经常行驶的速度区间为20~80km/h,获得如表9-3所示的平均速度修正因子。

柴油车平均速度修正因子 表9-3

污染物分类		CO		HC		NO_x		PM2.5/PM10	
		低态	高态	低态	高态	低态	高态	低态	高态
温度修正因子		1.00	1.33	1.00	1.06	1.05	1.17	1.27	0.90
湿度修正因子		1.00	1.00	1.00	1.00	1.04	0.94	1.00	1.00
含硫修正因子		0.88	1.10	0.96	1.10	0.93	1.01	0.80	1.11
海拔修正因子	轻/小型	1.00	1.20	1.00	1.32	1.00	1.35	1.00	1.00
	中/大型	1.00	2.46	1.00	2.05	1.00	1.02	1.00	1.00

注:表格中关于低态和高态的定义如下,温度低态为小于10℃,高态为大于25℃;湿度低态为小于50%,高态为大于50%;含硫量低态为小于50×10^{-6},高态为大于500×10^{-6};海拔低态为小于1500m,高态为大于或等于1500m,不在低态和高态范围内的加权系数为1.00。

3)载重修正因子

我国幅员辽阔,区域经济发展不均衡,经济发展的不均衡导致交通运输和物流布局也存在很大的差异,东部沿海地区商品贸易高度发达,基础设施建设完善,物流业水平高,柴油汽车运输效率高,载重系数大,平均载重系数在60%以上,相比之下的中部和西部地区,受地形环境、经济条件等因素的影响物流水平相对较低,柴油车运输效率偏低,载重系数较小,平均载重系数在40%左右。

不同的载重系数对柴油车的发动机运行状况有很大的影响,随着汽车载质量的增加,汽车的行驶阻力 F_f 和坡道阻力 F_i 将会显著增大,汽车为了克服较大的外部阻力,要求发动机发出尽可能大的功率,以动力性为主,经济性则退居次要地位。这时发动机工作在大负荷甚至全负荷的工况下,节气门全开,发动机的工作环境变得粗暴,各种污染物的排放加剧,燃烧室处在高温富氧的环境中,NO_x 的排放加剧程度尤其显著。载重修正因子见表9-4。

柴油车载重修正因子　　表9-4

载重系数(%)	CO	HC	NO_x	PM2.5/PM10
0	0.87	1.00	0.83	0.90
50	1.00	1.00	1.00	1.00
60	1.07	1.00	1.09	1.05
75	1.16	1.00	1.21	1.13
100	1.33	1.00	1.43	1.26

4)劣化修正因子

不同区域的环境条件和道路条件相差较大,例如在海拔较高、风速较大的西北地区,空气中沙粒含量较多,即便是经过空气滤清器的过滤,进入到发动机的空气依然会夹杂一定量的微粒,日积月累发动机的磨损就会大大加重,这将急剧加速柴油车的老化从而影响污染物的排放。同时不同区域道路路面平整度存在差别,汽车在行驶过程中产生的振动对汽车悬架系统和变速系统都将产生不同程度的磨损从而影响汽车的劣化程度。

同时随着柴油车使用时间的增长,汽车的有形磨损将会大大加剧,这将使汽车机件配合副发生机械磨损,基础零件发生变形,当汽车的有形磨损发展到一定程度就会出现故障,例如发动机老化,三元催化转化器转化效率低,这些都将导致汽车污染排放的升高。《汽车报废标准》指出,使用年限超过10年的汽车燃油费将上升21.2%,尾气排放量将上升13.5%,运行成本将上升6.3%。

参考国家标准GB 7258—2012《机动车安全运行技术条件》和《汽车报废标准》中对柴油车劣化标准的规定,柴油汽车劣化修正因子见表9-5。

柴油车劣化修正因子　　表9-5

污染物	1～3年	3～6年	6～10年	10年以上
CO	1.02	1.12	1.25	1.46
HC	1.00	1.08	1.18	1.32
NO_x	1.00	1.18	1.32	1.50
PM2.5/PM10	1.01	1.15	1.25	1.45

9.1.3　城市柴油车排放清单的建立

1)综合排放因子测算

排放因子是柴油车排放模型中重要的参数,本研究依据排放控制水平获得柴油车在标准状况下的排放因子，考虑不同区域差异条件下的各种影响因素对排放因子进行修正，最终获得实际运行状态下的综合排放因子，其计算公式为：

$$EF_{k,l,m} = \sum_{n=3}^{5}\left(BEF_{k,l,m} \times t_m \times h_m \times s_m \times a_m \times v_m \times w_m \times d_m \times \frac{Z_{l,m,n}}{Z_{l,m}}\right) \tag{9-1}$$

式中：$EF_{k,l,m}$——k 类柴油车 l 类污染物在 m 地区综合排放因子，g/km；

k——柴油车类型；

m——地区；

l——污染物排放种类；

t——温度修正；

h——湿度修正；

s——含硫量修正；

a——海拔修正；

v——平均速度修正；

w——载重系数修正；

d——劣化系数修正；

$Z_{k,m,n}$——m 地区按照第 n 阶段排放标准的 k 类柴油汽车保有量（辆）；

n——排放标准。

柴油车尾气排放清单计算公式为：

$$E_{k,l,m} = EF_{k,l,m} \times VKT_{k,m} \times Q_{k,m} \times 10^{-6} \tag{9-2}$$

式中：$E_{k,l,m}$——k 类柴油车 l 类污染物在 m 地区排放量，t；

$VKT_{k,m}$——k 类柴油车在 m 地区年平均行驶里程，km；

$Q_{k,m}$——k 类柴油车在 m 地区保有量。

2）应用分析

（1）淄博市地域参数。

淄博市 2015 年柴油车保有量约为 10.3 万辆，柴油车的污染物排放对淄博城市环境污染有很大的影响，尤其体现在对 NO_x、PM2.5 和 PM10 排放的影响上。

淄博市环境保护局、淄博市交通管理局和淄博市 2014 年年鉴公布的数据显示：淄博市年平均气温 12.9℃，年平均相对湿度 56%，平均海拔 34.5m，柴油车平均行驶车速 45km/h，柴油车平均使用时间 4 ~ 6 年，平均载重系数为 58.5%，柴油含硫量低于 50×10^{-6}。根据以上统计数据，结合表 9-2 ~ 表 9-5 得到淄博区域排放修正因子见表 9-6

（2）年平均行驶里程与保有量。

年平均行驶里程与保有量是计算城市柴油车排放清单的重要数据，通过查阅相关统计资料，淄博市柴油车年平均行驶里程和保有量见表9-7。

淄博市区域排放修正因子　　表9-6

修正类型	t	h	s	a	v	w	d
CO	1.00	1.00	1.00	1.00	0.70	1.07	1.12
HC	1.00	1.00	1.00	1.00	0.64	1.00	1.08
NO_x	1.00	0.94	1.00	1.00	0.60	1.09	1.18
PM2.5/PM10	1.00	1.00	1.00	1.00	0.65	1.05	1.15

不同类型柴油车年平均行驶里程与保有量　　表9-7

车型	1	2	3	4	5	6	7
平均行驶里程(km)	18000	31300	58000	30000	35000	75000	60000
保有量(辆)	18297	20432	1842	14206	21684	18736	2407

其中1~7代表的车型分别是小型客车、中型客车、大型客车、轻型货车、中型货车、重型货车、公交车。

(3)排放清单的建立。

结合综合排放因子测算公式、尾气排放清单计算公式以及淄博市地域参数修正因子，计算得到淄博市各类型柴油车污染物排放清单，见表9-8。

各类型柴油车污染物排放清单　　表9-8

类型分类	总排放量(t/a)			
	CO	HC	NO_x	PM2.5/PM10
小型客车	37.7	3.8	163.3	18.8
中型客车	1036.5	168.9	1250.8	125.9
大型客车	305.8	8.3	771.9	50.0
轻型货车	555.6	57.5	820.5	45.7
中型货车	1103.0	56.7	2413.4	139.4
重型货车	2723.0	131.6	5700.0	359.5
公交车	413.4	112.2	1043.4	67.5
总计	6175.1	539.0	12163.3	806.8

不同类型柴油车NO_x、PM2.5、PM10分担率如图9-2和图9-3所示。

由图9-2和图9-3所示，总结得出以下结论：

(1)重型货车NO_x的排放分担率为46.8%，中型货车的NO_x的排放分担率为19.8%，两种车型占据了柴油车NO_x排放总量的66.6%，因此重型货车和中型货车是淄博市NO_x排放治理的重点车型。

(2)重型货车、中型货车和中型客车共占到淄博市柴油车 PM2.5、PM10 排放总量的 77.4%,因此重型货车、中型货车和中型客车是淄博市 PM2.5、PM10 排放治理的重点车型。

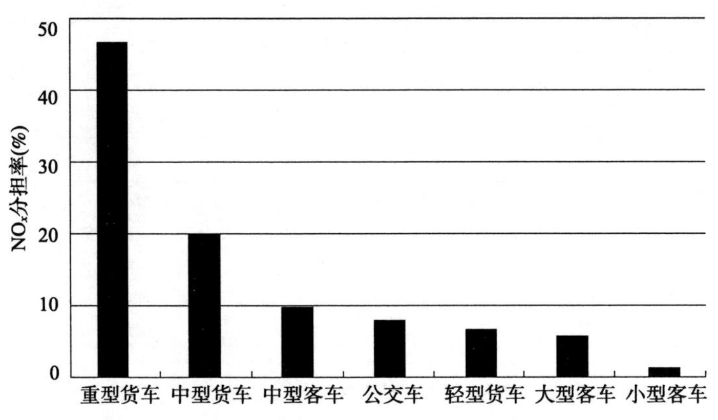

图 9-2　不同类型柴油车 NO_x 分担率

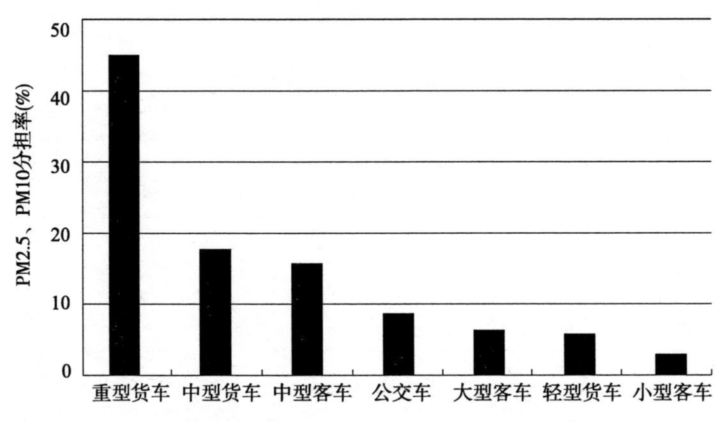

图 9-3　不同类型柴油车 PM2.5、PM10 分担率

9.2　汽油车排放清单建立方法

选取机动车排放占比最高的汽油车作为研究对象,以相关法规提供的排放因子为基础,采用环境参数、平均车速、载重系数、劣化系数对基础排放因子进行修正得到适合区域特点的综合排放因子,并依照建立的模型计算分析了淄博市汽油车的排放清单。

9.2.1　排放因子修正方法建立

1)汽油车基础排放因子

汽油车基础排放因子是反映汽油车排放情况最基本的参数,也是确定汽油车污染物排放总量及其环境影响的重要依据。汽油车的种类繁多,不同类型的汽油车排放因子存在很大的差距,根据汽油车的排量,将汽油车划分为在载客汽车(小型、中型、大型)、载货汽车(轻型、中型、重型)、其他汽油车7种车型。由于排放法规的实施对汽油车的基础排放因子也有着重要的影响,从2007年开始实施的国三标准到2015年实施的国五标准,期间关于汽油车排放因子的限值有很大的差异。

国家统计局调查结果显示,截至2015年年底,我国机动车执行国三以前标准的车辆占6%,国三标准的占12%,国四标准的占54%,国五标准的占28%。本研究中汽油车基础排放因子基于全国平均环境条件、车辆工况、道路状况,并参照相关行业标准获取,各种类型的汽油车在不同排放标准下的基础排放因子数据见表9-9。

不同类型汽油车排放因子　　表9-9

机动车类型		机动车污染物排放情况(g/km)				
		CO	HC	NO_x	PM2.5	PM10
小型客车	国三	1.18	0.191	0.100	0.007	0.008
	国四	0.68	0.075	0.032	0.003	0.003
	国五	0.46	0.056	0.017	0.003	0.003
中型客车	国三	4.33	0.373	0.474	0.011	0.012
	国四	1.98	0.107	0.196	0.006	0.007
	国五	1.98	0.107	0.147	0.006	0.007
大型客车	国三	8.25	0.869	1.520	0.044	0.049
	国四	3.77	0.418	0.775	0.044	0.049
	国五	3.77	0.418	0.582	0.044	0.049
轻型载货汽车	国三	5.61	0.61	0.534	0.011	0.012
	国四	2.37	0.169	0.229	0.006	0.007
	国五	2.37	0.169	0.172	0.006	0.007
中型载货汽车	国三	10.71	1.371	1.713	0.044	0.049
	国四	4.5	0.573	0.907	0.044	0.049
	国五	4.5	0.573	0.68	0.044	0.049

续上表

机动车类型		机动车污染物排放情况(g/km)				
		CO	HC	NO_x	PM2.5	PM10
重型载货汽车	国三	10.71	1.354	1.713	0.044	0.049
	国四	4.5	0.555	0.907	0.044	0.049
	国五	4.5	0.555	0.68	0.044	0.049
其他汽油车	国三	8.25	0.869	1.52	0.044	0.049
	国四	3.77	0.418	0.775	0.044	0.049
	国五	3.77	0.418	0.582	0.044	0.049

2)模型计算框架

首先根据国家统计局和地方统计局年鉴获得区域汽油车保有量与各种类型的汽油车的年平均行驶里程;基于不同类型的汽油车的排量与相关行业标准获得汽油车基础排放因子;在获得的汽油车基础排放因子的基础上,综合考虑不同区域环境状况、车辆类型、发动机运行状态、燃料性质、车辆载重等实际影响汽油车的排放的因素,建立汽油车不同区域差异影响的排放修正因子模型。根据修正后的排放因子,结合当地机动车的保有量以及各类型汽油车的行驶里程,获得区域汽油车CO、HC、NO_x、PM2.5、PM10的排放清单。模型计算框架如图9-4所示。

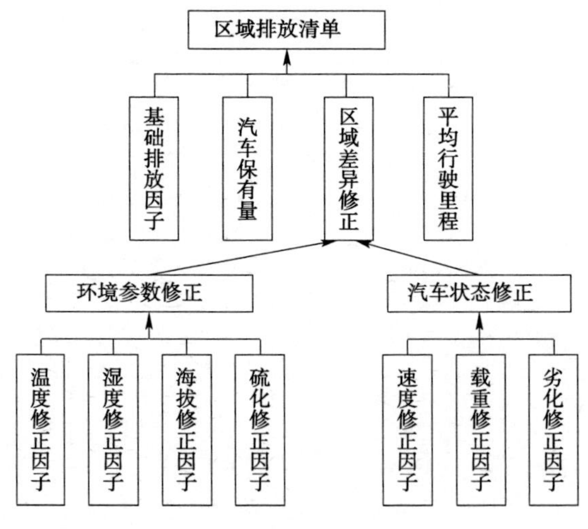

图9-4 模型计算框架图

9.2.2 汽油车排放影响因素分析

汽油车的排放主要受环境状况和车辆状况等因素的影响。在不同区域中环境的温度、湿度、海拔存在巨大的差距，这些差异对于发动机的运行状态和排放工况有着十分重要的影响。同时车辆的行驶速度、劣化系数、燃油品质、载重系数都会直接影响车辆的排放状况，因此考虑不同区域差异的汽油车排放修正因子可以更加准确地获得当地车辆的真实排放状况，获得更为符合实际的排放清单。

1）环境参数修正因子

中国陆地面积约960万km^2，幅员辽阔，广袤的土地面积与多样的地貌特征造就了中国不同地区巨大的环境差异，南方的炎热潮湿与北方的寒冷干燥形成了鲜明的对比。根据《2015年中国气候公报》发布的信息，将我国海拔、温度、湿度具有代表性的较高值与较低值统计见表9-10。

全国环境参数的极值统计 表9-10

环境参数	较高值	代表城市	较低值	代表城市	差值
海拔(m)	4025	日喀则	33	天津	3992
温度(℃)	46	重庆	-52.3	漠河	98.3
湿度(%)	92	贵阳	32	银川	60

环境条件的差异对于汽油车发动机的运行工况有直接的影响，例如在空气稀薄的高寒地区，空气中氧气含量下降，大气压力变小，进气阻力变大，导致发动机过量空气系数ψ_a变大，在缺氧和燃烧不充分的环境下，CO和HC的排放将大大提高。同时由于环境温度低汽油的雾化效果差，可燃混合气燃烧不充分也会加剧污染物的排放。相比之下汽车在炎热潮湿的环境中，由于环境温度高，发动机冷却和散热困难，燃烧室工作温度偏高，工作效率低，燃料消耗量增加，污染排放将会加剧。潮湿的环境中，空气相对湿度大，空气中的水分子随发动机进气系统进入燃烧室，燃烧室中的水分子导致可燃混合气局部燃烧不充分，容易产生积炭，在高温环境中积炭容易导致表面点火使发动机产生早燃、爆燃等粗暴的工作状况，使得NO_x和PM2.5/10的排放急剧增加。

根据《道路机动车大气污染物排放清单编制技术指南》中关于机动车环境排放因子影响因素的规定，综合考虑温度、湿度、含硫量、海拔等影响因子，结合实际情况对相近的环境状况的修正因子进行整合，获得各环境修正因子在高态和低态两个状态下的修正参数见表9-11。

汽油车环境参数修正因子 表9-11

污染物分类	CO		HC		NO_x		PM2.5/PM10	
	低态	高态	低态	高态	低态	高态	低态	高态
温度修正因子	1.36	1.23	1.47	1.08	1.15	1.31	1.45	0.67

续上表

污染物分类		CO		HC		NO_x		PM2.5/PM10	
		低态	高态	低态	高态	低态	高态	低态	高态
湿度修正因子		0.97	1.04	0.99	1.01	1.13	0.87	1.00	1.00
含硫修正因子		0.90	1.80	0.96	1.41	0.95	2.08	0.56	1.21
海拔修正	轻/小型	1.00	1.58	1.00	2.46	1.00	3.15	1.00	1.00
	中/大型	1.00	3.95	1.00	2.26	1.00	0.88	1.00	1.00

关于表中各环境因子高态和低态的定义见表9-12。

各参数的高态与低态的界限 表9-12

状态	温度(℃)	湿度(%)	含硫	海拔(m)
低态	<10	<50	$<10\times10^{-6}$	<1500
高态	>25	>50	$>500\times10^{-6}$	>1500

2)平均车速修正因子

由于不同区域地形地貌、人口密度、道路状况的不同,我国不同省市之间的车辆运行状况也存在着很大的差异,根据《2015年全国城市汽车行驶工况调查报告》相关数据,列举了全国各地区具有广泛代表性的6个城市汽车行驶工况,见表9-13。

典型城市汽车运行工况 表9-13

城　　市	最高车速(km/h)	平均车速(km/h)	怠速时间比例(%)
北京	70.5	27.7	20.5
上海	52.3	21.6	30.2
广州	55.4	25.6	17.3
大连	76.3	40.5	8.6
武汉	80.5	36.4	15.3
拉萨	105.4	60.7	5

平均车速直接影响发动机的工况和排放状态,当汽车以怠速和低速小负荷状态运行时,此时发动机的节气门开度小,进入发动机的混合气少,残余废气对混合气稀释比较严重。而且发动机转速低,空气流速低,汽油雾化和蒸发不良,混合气不均匀,需要供给浓混合气。混合气过浓将会使发动机燃烧不充分,这将加剧尾气污染物的排放。

参照《汽车电子控制与尾气排放技术》和《道路机动车大气污染物排放清单编制技术指南》,获得汽油车平均车速修正因子见表9-14。

汽油车平均速度修正因子　　表 9-14

机动车污染物	速度区间(km/h)				
	<20	20~30	30~40	40~80	>80
CO	1.69	1.26	0.79	0.39	0.62
HC	1.68	1.25	0.78	0.32	0.59
NO_x	1.38	1.13	0.90	0.86	0.96
PM2.5/PM10	1.68	1.25	0.78	0.32	0.59

3)载重修正因子

我国交通运输业近些年发展迅速,同时也表现出空间发展不均衡等问题。例如我国东部沿海地区商品经济繁荣,交通基础设施建设完善,道路网络结构发达,汽车的运输效率高,平均载重系数在65%左右;相比之下的中西部地区由于政策、经济、地形地貌等系因素的限制交通运输效率相对比较低,平均载重系数在45%左右。

汽车的载重将直接影响汽车发动机的运行工况,当汽车的载质量增加时,汽车行驶过程中的行驶阻力和坡道阻力将会增加,为了保持汽车行驶过程中的平均车速和后备功率,发动机需要供给较浓的混合气,此时燃烧室的过量空气系数变小,这时混合气中汽油较多,燃烧速度快,热损失小,发动机有效功率大,但是因可燃混合气中的空气含量不足,使其燃烧不完全,产生大量的CO、HC,燃烧室容易产生积炭,发动机发生表面点火和爆燃的概率大大增加,导致PM2.5/PM10的排放也会上升。参照柴油车相关载重修正因子指标,确定汽油车载重修正因子见表9-15。

汽油车载重修正因子　　表 9-15

载重系数(%)	CO	HC	NO_x	PM2.5/PM10
0	0.89	1.00	0.83	0.90
50	1.00	1.00	1.00	1.00
60	1.07	1.00	1.09	1.05
75	1.16	1.00	1.21	1.13
100	1.33	1.00	1.43	1.26

4)劣化修正因子

汽车在使用过程中不可避免地要与外界环境(阳光、空气、风沙和雨雪等)相接触,汽车本身内部的零部件之间也要相互作用,引起零件发热、磨损和腐蚀等变化。汽车的劣化分为有形磨损、无形磨损和综合磨损,同其他机械设备一样,汽车经历一段时间的使用导致技术状况和性能下降,机械传动效率降低,燃油消耗量增加,尾气三元催化效果变差,这些汽车劣化的结果都将直接导致汽车尾气污染物排放的增加。

根据《汽车运输业车辆技术管理规定》和国家标准 GB 7258—2012《机动车运行技术条件》中关于汽油车污染物排放与汽车使用年限的关系，计算获得汽油车劣化修正因子见表 9-16。

汽油车劣化修正因子 表 9-16

污染物	1~4年	4~7年	7~10年	10年以上
CO	1.02	1.14	1.27	1.48
HC	1.01	1.09	1.19	1.34
NO_x	1.00	1.12	1.34	1.47
PM2.5/PM10	1.01	1.15	1.26	1.45

9.2.3 城市汽油车排放清单的建立

1)综合排放因子修正计算

综合排放因子是建立汽油车排放清单最重要的参数，考虑不同区域差异的环境参数修正因子、车辆状况修正因子对获得的基础排放因子进行修正，计算得到符合当地实际情况的汽油车综合修正排放因子，其计算公式为：

$$EF_{m,i,j} = \sum_{k=3}^{5}\left(BEF_{m,i,j} \times \varphi_j \times \psi_j \times \lambda_j \times \alpha_i \times \zeta_i \times \eta_i \times \chi_j \times \frac{n_{i,j,k}}{n_{i,j}}\right) \tag{9-3}$$

其中公式中的各参数的定义见表 9-17。

公式中各符号的含义 表 9-17

符号	含义	符号	含义
BEF	基础排放因子	λ	海拔修正
i	汽车类型	α	速度修正
j	地区编号	ζ	劣化修正
m	污染物种类	η	硫化修正
k	排放标准	χ	载重修正
φ	温度修正	n	汽车保有量
ψ	湿度修正		

例如：$EF_{m,i,j}$为 i 类车在 j 地区的 m 类污染物综合排放因子，$BEF_{m,i,j}$为 i 类车在 j 地区的 m 类污染物基础排放因子，$n_{i,j}$为在 j 地区的 i 类车保有量，$n_{i,j,k}$为在 j 地区按照第 k 阶段排放标准的 i 类车的汽车保有量。

柴油车尾气排放清单计算公式为：

$$Q_{m,i,j} = EF_{m,i,j} \times VKT_{i,j} \times N_{i,j} \times 10^{-6} \tag{9-4}$$

式中：$Q_{m,i,j}$——机动车 i 类车在 j 地区的污染物 m 的年排放量；

$EF_{m,i,j}$——i 类车在 j 地区的 m 类污染物综合排放因子；

$VKT_{i,j}$——机动车 i 类车在 j 地区的年均行驶里程；

$N_{i,j}$——机动车 i 类车在 j 地区的保有量。

2）应用分析

根据《2015 年淄博市统计年鉴》，淄博市 2015 年汽油车保有量为 71.9 万辆，庞大的汽车尾气排放给淄博市大气环境带来了巨大的压力，根据淄博市环保局 2015 年公布的大气环境质量统计，2015 年淄博市全年晴天天数（能见度 > 10km）为 114 天，空气质量良好 41 天，轻度污染 146 天，中度污染 109 天，重度污染 67 天。建立符合淄博市实际情况的汽油车污染物排放清单，可以为制定具体的汽油车污染物排放控制政策奠定基础。

查阅淄博市环境保护局和淄博市交通管理局公布的相关数据，获得了淄博市环境基本参数和车辆平均状况：淄博市年平均气温为 13.2℃，年平均相对湿度为 57%，平均海拔为 34.7m，汽油车平均行驶车速为 43km/h，汽油车平均使用时间为 3 ~ 5 年，平均载重系数为 50%，汽油含硫量低于 50×10^{-6}。根据上述的淄博市区域参数查阅表 9-11 ~ 表 9-16 获得当地的排放因子修正参数见表 9-18。

淄博市区域排放修正因子　　表 9-18

修正类型	φ	ψ	η	λ	α	χ	ζ
CO	1.00	1.04	0.90	1.00	0.39	1.00	1.14
HC	1.00	1.01	0.96	1.00	0.32	1.00	1.09
NO_x	1.00	0.87	0.95	1.00	0.86	1.00	1.12
PM2.5/PM10	1.00	1.00	0.56	1.00	0.32	1.00	1.15

（1）年平均行驶里程与保有量。汽车年平均行驶里程和当地汽车保有量是衡量一个地区交通发达程度的重要标志，也是建立区域排放清单重要的基础依据，通过查阅《淄博市交通管理局 2015 年统计年鉴》获得淄博市不同类型的汽油车年平均行驶里程和保有量，具体数据见表 9-19。

不同类型汽油车年平均行驶里程与保有量　　表 9-19

项目	1	2	3	4	5	6	7
保有量（辆）	622782	2716	5805	46930	4126	25744	11446
行驶里程（km）	18300	31320	58200	31000	35200	75400	8000

其中 1 ~ 7 代表的车型分别是小型客车、中型客车、大型客车、轻型载货汽车、中型载货汽车、重型载货汽车、其他汽油车。

(2)排放清单的建立。结合淄博市当地的环境特征和车辆状况获得区域排放修正因子,对基础排放因子进行修正获得淄博市当地的综合基础排放因子,结合当地汽油车保有量和各类型汽油车年平均行驶里程,计算获得淄博市2015年汽油车排放清单,见表9-20。

淄博市各汽油车污染物排放清单 表9-20

类型分类	总排放量(t/a)			
	CO	HC	NO_x	PM2.5/PM10
小型客车	3915.83	431.69	107.61	28.62
中型客车	125.80	6.16	6.95	0.46
大型客车	951.36	95.52	109.21	13.15
轻型货车	2575.37	166.30	138.98	7.92
中型货车	488.16	56.29	54.85	5.65
重型货车	6524.37	728.68	733.11	75.57
其他汽车	257.85	25.89	29.60	3.56
总计	14838.74	1510.54	1180.30	134.94

各污染物排放分担率如图9-5所示。

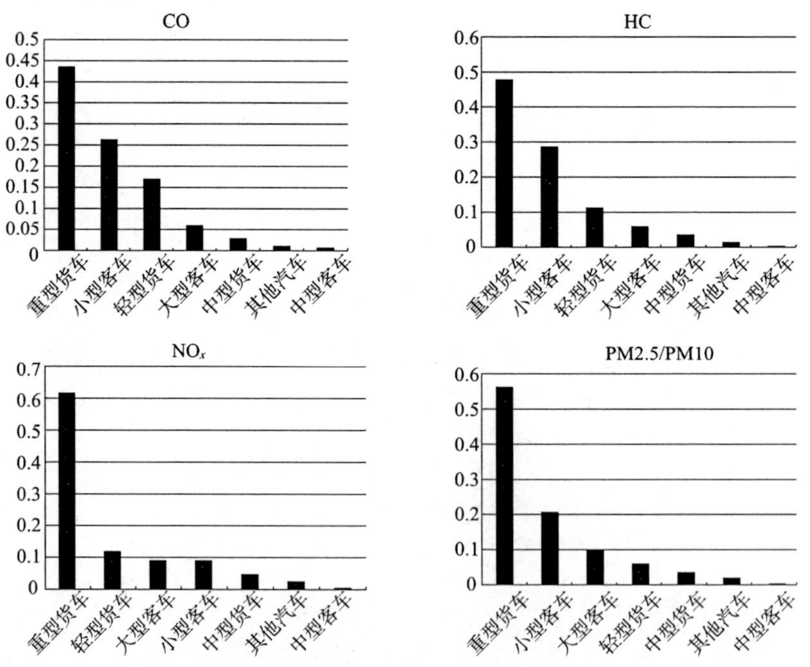

图9-5 各污染物排放分担率

(1)大型载货汽车、小型客车、小型载货汽车这三种汽油车合计占据 CO、HC 总排放量的 87% 和 89%，是 CO、HC 排放治理的重点车型。

(2)大型载货汽车占据 NO_x 总排放量的 62%，其他车型占比相对较低，因此大型载货汽车是 NO_x 排放治理的重点车型。

(3)大型载货汽车和小型客车占据了 PM2.5/PM10 总排放量的 55% 和 22%，是 PM2.5/PM10 排放治理的重点车型。

9.3 小结

不同地域柴油车及汽油车排放存在较大差别，本章参照相关资料确定基础排放因子，并结合地域差别进行修正，结合当地汽油车行驶里程和保有量等信息，确定了柴油车及汽油车排放清单的建立方法，具体包括：

(1)确定符合排放标准的车型，并以使用用途分为七种车型，参考相关资料确定基础排放因子。

(2)分析不同地域环境参数、平均车速、载重系数、劣化系数的差别及对机动车排放的影响，确定修正因子。

(3)建立不同城市柴油车及汽油车排放清单的计算公式，并以淄博市为例开展应用研究，分析了不同车型及不同污染物的分担率，确定了治理的重点。

研究可以定量评价不同地域城市柴油车及汽油车的排放状况提供理论支持，为提供针对性的治理措施奠定基础。

第10章　新能源汽车发展带来的环境效益分析

目前汽车保有量不断增加，随之而来的汽车燃料供需矛盾和排放污染问题日益加剧。据统计，汽车耗油目前占石油消耗总量的比重接近50%，同时一线城市空气污染源的60% ~80%来自燃油汽车废气排放 。目前汽车节能减排的研究重心是提高动力总成的热效率、降低汽车自重、提高传动效率等技术措施 ，而对天然气汽车、电动汽车发展带来的节能减排效益研究较少，相关研究表明新能源汽车的发展会对能耗和排放产生较大影响 。

随着汽车类型的不断更新，目前对汽车节能减排效益的研究也随之增多，相关分析集中于单类汽车的效益分析或对两类汽车进行效益比较。如苏利阳等利用全生命周期方法中的燃料周期分析法，分析未来中国纯电动汽车的节能减排效益；Guillaume Leduc 等利用生命周期法分析汽车如何减少污染及能源消耗；魏哲林等利用电动汽车环境效益评估模型，对电动汽车的环境效益进行评估；施晓清等研究分析电动汽车的碳减排潜力及其影响因素；郭文双等对燃油汽车的尾气直接污染、尾气间接污染和噪声污染的环境指标进行了分析，比较了电动汽车与燃油汽车的同类环境指标。相关研究集中于不同汽车类型的能耗和排放对比，有关未来汽车类型变化对能耗和排放的影响研究较少。

本章基于全生命周期分析，将传统汽车、天然气汽车和电动汽车三种车型竞争带来的保有量变化，与生产单位终端能源所产生的能耗和排放相结合，定量评价汽车类型发展变化带来的总能耗和总排放的变化，为分析汽车类型发展变化带来的能耗和排放影响，以及制定节能减排政策奠定理论基础。

10.1　中国汽车类型市场发展的仿真预测

目前，伴随能源短缺及环境恶化问题不断加剧，新能源的研发和使用已成为必然之势，从而带动了中国汽车行业结构发生变动和汽车类型不断更新，电动汽车、燃料电池汽车、混合动力汽车、太阳能汽车、天然气汽车逐步出现在人们的生活中。据预测，在未来40年的汽车行业发展中，传统汽车、电动汽车、天然气汽车将占据主导地位。

未来汽车保有量分析预测是分析汽车节能减排效益的必要前提。众多专家利用先进的科学方法对未来汽车保有量进行了分析,目前常用的汽车保有量预测方法包括时间序列法、弹性系数法、回归分析法、灰色模型法、人工神经网络法以及组合预测法,各种预测方法的优缺点见表10-1。

汽车保有量预测方法优缺点对比　　表10-1

预测方法	优点	缺点
时间序列法	以时间为自变量; 简便易行,适用于短期预测	不能反映事物的内在关系; 不能分析因素之间的相互关系
弹性系数法	着重考虑一个主要因素; 粗略预测	难以全面掌握汽车保有量的变化情况
回归分析法	依据历史资料找出预测变量和它相关变量之间的关系	必须获得大量连续统计数据; 容易出现统计口径不一等问题
灰色模型法	仅需收集汽车保有量自身的历史数据; 所需数据少,短期预测精度高	要求汽车保有量的累加生成序列具有指数规律,具有局限性
人工神经网络法	具有自组织、自适应的人工智能技术	学习过程容易陷入局部极值
组合预测法	以适当的加权形式对不同的单项预测模型进行组合; 改善模型的拟合能力,提高模型的预测精度	组合预测法的预测性能依赖于各单项预测模型的预测性能; 对于加权形式还有待于深入研究

考虑现有的汽车保有量预测方法均存在一定不足,探索新的预测方法是研究汽车保有量问题的一个可行途径。Lotka-Volterra竞争模型是一种新型的协同动力学模型,在各类研究中应用广泛。其设计原理是,假定一生态系统中存在多个不同生物种群,不同的种群之间进行自由竞争、互惠共存、捕食－被食等活动,通过优胜劣汰,强者进化,弱者淘汰。将该模型应用于汽车保有量预测分析,既可考虑外在因素如增长率、收入水平等因素的影响,还加入了种群内部的竞争元素,体现出各种群间的相互关系,如顺环竞争、互惠共存等,由此得出的未来汽车保有量变化趋势更具有科学性、可靠性。

1) Lotka-Volterra模型建立

Lotka(1925)和Volterra(1926)奠定了种间竞争关系的理论基础,而Lotka-Volterra 模型是对该理论的延伸。假设多个种群在同一自然环境中生存，其各自生存发展必定相互影响。设定 3 个种群的密度分别为 N_1、N_2、N_3（假定种群密度分布是均匀的），则 3 种群 Lotka-Volterra 模型可以写为：

$$\frac{dN_i}{dt} = N_i\left(b_i + \sum_{j=1}^{3} a_{ij}N_j\right) \quad (i = 1,2,3) \tag{10-1}$$

式中 $b_i > 0$ 称为种群 i 的自身变化率；$a_{ij}(i \neq j)$ 的正负和绝对值大小表示种群 j 对种群 i 的影响性质及强度。

本章以传统汽车、电动汽车、天然气汽车 3 个物种为目标，通过种群竞争分析进行保有量预测。各类汽车在与其他类汽车相互竞争的同时，自身也会产生相应的影响系数，因此符合顺环竞争关系。b_i、a_{ij} 对应取法见表 10-2。

模型对应的 b_i 和 a_{ij} 的取法 表 10-2

模型	b_i	a_{ij}		
①	$b_1 > 0$	$a_{11} < 0$	$a_{12} < 0$	$a_{13} < 0$
	$b_2 > 0$	$a_{21} < 0$	$a_{22} < 0$	$a_{23} < 0$
	$b_3 > 0$	$a_{31} < 0$	$a_{32} < 0$	$a_{33} < 0$

如表 10-2 所示，依逻辑斯蒂模型有如下关系：

$$\frac{dN_1}{dt} = r_1 N_1\left(1 - \frac{N_1}{K_1}\right) \tag{10-2}$$

现设定如下参数：

(1) N_1、N_2、N_3：分别为三个物种的种群数量。

(2) K_1、K_2、K_3：分别为三个物种的环境容纳量。

(3) r_1、r_2、r_3：分别为三个物种的种群增长率。

当三个物种竞争或者利用同一空间时，所占空间应考虑 N_2、N_3 种群对该空间的占用。则：

$$\frac{dN_1}{dt} = r_1 N_1\left(1 - \frac{N_1}{K_1} - \frac{\alpha_2 N_2}{K_1} - \frac{\alpha_3 N_3}{K_1}\right) \tag{10-3}$$

其中，$\alpha_n(n = 2,3)$ 为物种 n 对物种 1 的竞争系数。同理则有：

$$\frac{dN_2}{dt} = r_2 N_2\left(1 - \frac{\beta_1 N_1}{K_2} - \frac{N_2}{K_2} - \frac{\beta_3 N_3}{K_2}\right) \tag{10-4}$$

$$\frac{dN_3}{dt} = r_3 N_3\left(1 - \frac{\delta_1 N_1}{K_3} - \frac{\delta_2 N_2}{K_3} - \frac{N_3}{K_3}\right) \tag{10-5}$$

其中，$\beta(n = 1,3)$ 为物种 n 对物种 2 的竞争系数。$\delta(n = 1,2)$ 为物种 n 对物种 3 的竞争系数。

2)仿真预测分析

按照近几年汽车保有量的发展趋势,对相关参数进行设定:

(1)N_1为12000,N_2为6,N_3为80。

(2)r_1为8%,r_2为75%,r_3为27%。

(3)K_1为30000,K_2为25000,K_3为15000。

根据式(10-3)~式(10-5),由Simulink进行仿真,可得仿真结果如图10-1所示。

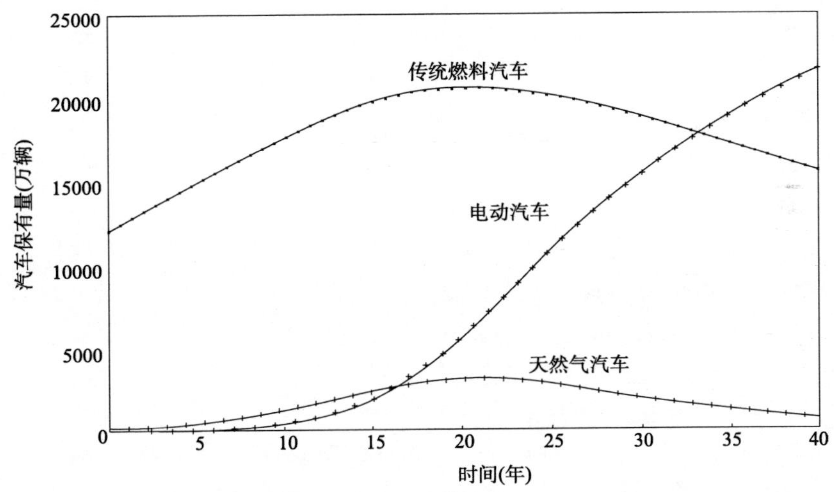

图10-1　传统燃料汽车、电动汽车与天然气汽车保有量预测

运用MATLAB仿真结果可知:

(1)自2014年开始,传统汽车的保有量将呈抛物线趋势发展。在未来15~25年(即2029~2039年),传统汽车发展较为平缓。预计在2034年左右,传统汽车保有量达到最高值,约20862万辆。

(2)随着新能源汽车的不断推广和节能技术的大步提升,电动汽车保有量呈S型持续增长,在未来5年内处于低增长阶段,10年后电动汽车将出现快速增长阶段,到2054年又恢复低增长阶段。在未来15~30年,电动汽车保有量发展迅速,增长率达48%左右。

(3)天然气汽车发展趋势与传统汽车相似,发展曲线呈抛物线型。由于汽车生存环境及自身发展的限制,保有量一直保持在低发展水平。

(4)在2030年左右,电动汽车保有量将超过天然气汽车保有量;在2047年左右,电动汽车保有量将超过传统汽车保有量;到2050年,环保的电动汽车将占据汽车行业的主流市场。之后,由于能源、经济水平、技术要求、环境等因素的限制,三类汽车的未来保有量趋于稳定。

10.2　终端能源的全生命周期分析

1)能源分析方法选定

目前,国内外学者根据不同目标对象及场景,提出多种分析交通领域节能减排效益的方法,主要有:因素分解法、模型分析法、投入产出法和生命周期分析法。

全生命周期分析包括两个主要阶段:从矿井到加油机(Well-to-Pump,WTP)和从加油机到车轮(Pump-to-Wheels,PTW),前者的研究对象是车用燃料的上游生产阶段,包括资源开采、资源运输、燃料生产、燃料运输、分配和储存,以及燃料加注过程,后者的研究对象是车用燃料的下游使用阶段,也就是车辆行驶中的能耗和排放。

本文研究对象为传统汽车、电动汽车及天然气汽车。研究目标为得出未来中国汽车在使用及燃料生产过程中所产生的总能耗及总碳排放量,以此为根据,分析未来汽车发展的节能减排效益。因此,除汽车使用过程外,数据来源还需考虑燃料生产过程,采用全生命周期分析方法进行研究。

2)全生命周期分析基本设定

研究基于 Tsinghua-CA3EM 模型,运用全生命周期分析方法,考虑各类燃料生产、运输、使用等环节的能耗和温室气体(GHG)排放。Tsinghua-CA3EM 结合现有的交通能源微观层面计算模型 GREET,综合考虑了我国能耗和排放的实际情况,可以为我国汽车能源供需平衡计算和分析的集成计算提供支持。

本文以传统汽车、电动汽车、天然气汽车为研究对象,设定一次化石能源为煤炭,单位设置为 kJ;GHG 气体为二氧化碳(CO_2)、甲烷(CH_4)和氧化亚氮(N_2O),单位设置为 $gCO_{2,e}$(CO_2 当量);终端能源为精制天然气、汽油、电力,单位设置为 kJ。

3)全生命周期结论分析

欧训民等利用 Tsinghua-CA3EM 模型进行全生命周期分析,计算了我国主要 9 种终端能源(原煤、原始天然气、原油、精煤、精制天然气、柴油、汽油、燃料油、电力)的化石能耗及温室气体排放强度(碳强度),得出相应结论。其考虑层面是终端能源生产过程中产生的能耗和碳排放,即生产单位终端能源所消耗的能源和产生的 GHG 气体排放。

本章以传统汽车、天然气汽车和电动汽车三种车型为研究对象,终端能源以精制天然气、汽油、电力为主,引用以上三种能源的研究结果,具体如图10-2所示。

由图10-2可知:

(1)生产1MJ精制天然气需消耗1.196MJ化石能源强度,产生72.73g$CO_{2,e}$(CO_2当量);生产1MJ汽油需消耗1.331MJ化石能源强度,产生98.86g$CO_{2,e}$;生产1MJ电力需消耗2.636MJ化石能源强度,产生289.6g$CO_{2,e}$。

(2)生产等量精制天然气和汽油所产生的一次能源消耗及GHG排放相当。而生产等量电力所产生一次能源消耗及GHG排放是精制天然气和汽油的2倍以上,虽然电动汽车在使用过程中可达到"零排放",但在电力生产过程中,却存在大量的能耗和碳排放,从而影响其节能减排效益。

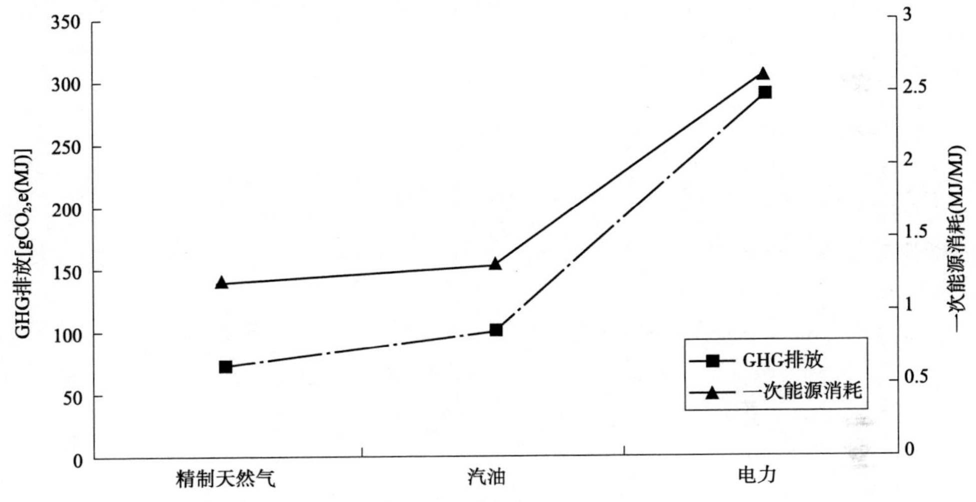

图10-2　终端能源的化石能耗及温室气体排放强度

10.3　未来中国汽车节能减排效益分析

1)汽车能耗与碳排放数据及计算方法

根据相关资料以及《国家重大科技产业工程项目电动汽车实施方案》内容,得到传统汽车、天然气汽车及电动汽车在使用过程中,行驶单位里程所消耗的能量及产生的碳排放,以及三类汽车的年均行驶里程等相关数据。其中电动汽车只考虑能源生产过程中的碳排放,因此只列出能耗数据。

(1)传统汽车的能耗和碳排放数据。

由全生命周期分析结论可知,汽油车与柴油车能耗及碳排放强度相差很少。

传统汽车以汽油车为研究对象，能耗为2469kJ/km，温室气体折合系数按照京都议定书所采纳标准进行计算，每克HC相当于23gCO_2，GHG排放为200g/km（$CO_{2\text{-eq}}$），平均每年行驶里程为1.52×105km。

(2)天然气汽车的能耗和碳排放数据。

目前，天然气汽车在不断得到推广，其中出租车与公交车占据大多数，本章以CNG出租车与CNG公交车为研究对象。CNG出租车占据天然气汽车保有量的67%，CNG公交车占据33%。具体数据如下：

CNG出租车：每100km用气负荷指标为9.0m^3，日负荷指标为36.0m^3/（车·d），平均日行驶里程为400km，即平均每年行驶里程为1.46×105km。

CNG公交车：每100km用气负荷指标为40.0m^3，日负荷指标为112.0m^3/（车·d），平均日行驶里程为280km，即平均每年行驶里程为1.02×105km（天然气热值为35.59MJ/m^3，GHG排放为15.32g/MJ（$CO_{2\text{-eq}}$）。

(3)电动汽车的能耗数据。

本文所研究的纯电动汽车主要是指纯电动出租车、公交车。

电动出租车：出租车的1天平均行驶里程为350～500km。假设出租车的日行驶里程为400km，即平均每年行驶里程为1.46×105km，其百公里消耗电能为10kW·h。

电动公交车：公交车1天的行驶里程为150～200km。假设公交车的日行驶里程为180km，即平均每年行驶里程为6.57×104km，其百公里消耗电能为50kW·h。

(4)未来汽车的总能耗与总碳排放量计算。

总能耗：

$$E = \sum_{i=1}^{3} R_i P_i \theta_i M_i \qquad (i=1,2,3) \tag{10-6}$$

碳排放：

$$C = R_1 P_1 C_1 M_1 + R_2 P_2 C_2 M_2 + R_2 \alpha M_2 + R_3 \beta M_3 + R_3 P_3 C_3 M_3 \tag{10-7}$$

式中：E——未来汽车总能耗，MJ；

C——未来汽车总碳排放强度，g（$CO_{2\text{-eq}}$）；

$R_i(i=1,2,3)$——电动汽车、传统汽车、天然气汽车的保有量，辆；

$P_i(i=1,2,3)$——电动汽车、传统汽车、天然气汽车的每公里能耗，MJ/km；

$\theta_i(i=1,2,3)$——单位终端能源（电力、汽油、精制天然气）所消耗的一次化石能源，MJ/MJ；

$C_i(i=1,2,3)$——单位终端能源（电力、汽油、精制天然气）所生成的碳排放强度，g（$CO_{2\text{-eq}}$）/MJ；

α——传统汽车的每公里碳排放强度,g($CO_{2\text{-eq}}$)/km;

β——天然气汽车的每公里碳排放强度,g($CO_{2\text{-eq}}$)/km;

$M_i(i=1,2,3)$——电动汽车、传统汽车、天然气汽车的年平均行驶里程,km/辆。

2)汽车能耗与碳排放趋势分析

经以上计算,可得到未来汽车能耗与碳排放的相关数据,从而分析未来汽车的节能减排效益及其影响因素,具体结论见表10-3。

未来汽车能耗与碳排放数据统计表 表10-3

年份	2019	2024	2029	2034	2039	2044	2049	2054
能耗(10^{16}kJ)	7.45	8.67	9.87	10.4	10.1	9.59	8.84	7.93
碳排放(10^9t)	6.54	8.21	9.52	13.46	14.32	12.44	10.38	9.65

由表10-3可知,未来汽车能耗与碳排放都将呈先增后减的趋势发展,预计在2034年汽车能源消耗达到最大值,约1.04×10^{17}kJ;到2039年左右,汽车碳排放开始呈下降趋势,最大值可达14.32×10^9t。结合未来汽车总保有量,得折线图,如图10-3、图10-4所示。

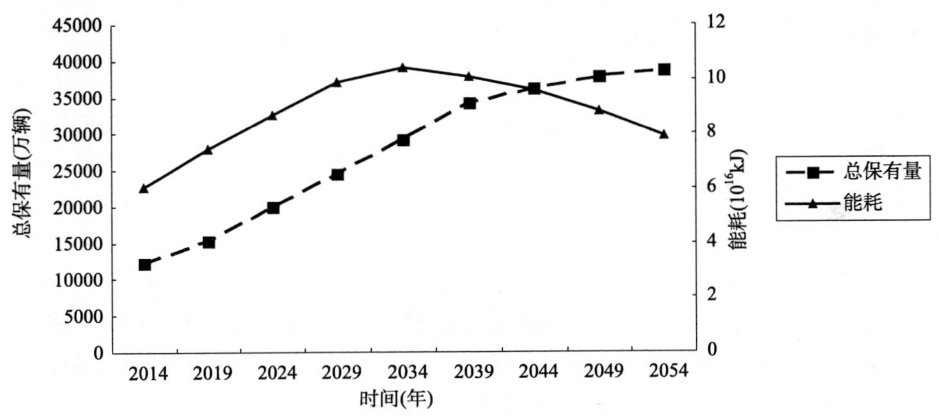

图10-3 未来汽车能耗变化图(能耗单位设置为10^{16}kJ)

由图10-3、图10-4可得:

(1)未来汽车总保有量一直呈增长趋势,在2014~2039年,增长率保持在34%左右。之后,增长率逐渐减小,由于环境承载力、经济发展水平等因素的限制,未来汽车总保有量将趋于平缓。

(2)未来汽车的总能耗随总保有量的增长呈先增后减的抛物线趋势,与传统汽车保有量变化趋势相近,与电动汽车及天然气汽车保有量的变化趋势相差较大。由此可知,总能耗的变化趋势受传统汽车保有量变化影响较大,相比而言,受电动汽车及天然气汽车的影响较小,但同样不可忽视。

(3)未来汽车总碳排放量同能耗变化趋势相近,呈抛物线趋势变化。不同之处在于其变化趋势更为迅速,如 2024 ~ 2029 年,增长率为 28% 左右,而在 2029 ~ 2034 年,增长率高达 54% 左右。

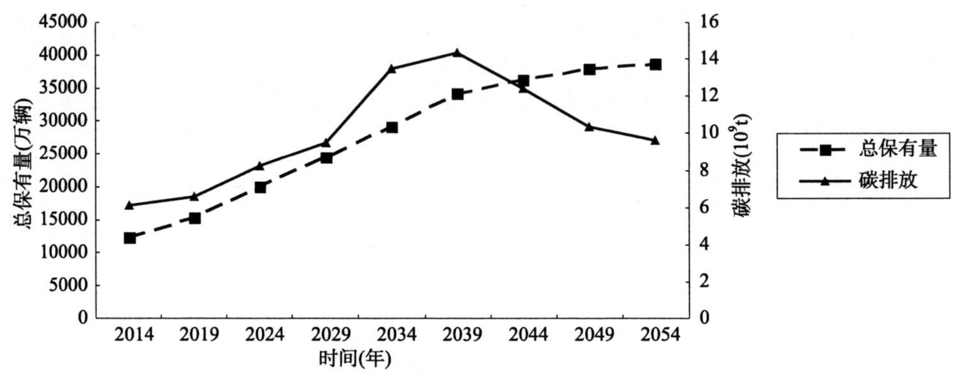

图 10-4　未来汽车碳排放变化图(碳排放单位设置为 10^9t)

10.4　小结

本章引入生物种群竞争机制的 Lotka-Volterra 模型,仿真分析电动汽车、传统汽车及天然气汽车的保有量变化趋势;基于清华大学 Tsinghua-CA3EM 模型,利用全生命周期分析方法,分析未来中国汽车发展的节能减排效益。具体研究结论如下:

(1)传统汽车与天然气汽车的保有量将呈抛物线趋势发展,预计在 2034 年左右,传统汽车保有量达到最高值;电动汽车保有量呈 S 型持续发展,预计到 2050 年环保的电动汽车将占据汽车行业的主流市场。由于能源、经济水平、技术要求、环境等因素的限制,之后三类汽车的未来保有量逐渐趋于稳定。

(2)未来汽车总能耗呈先增后减的抛物线趋势发展,变化趋势较为平稳,总能耗的变化趋势受传统汽车保有量变化影响较大,预计在 2034 年汽车能源消耗达到最大值,约 1.04×10^{17}kJ。

(3)未来汽车总碳排放量同能耗变化趋势相似,呈抛物线趋势变化,不同之处在于其变化趋势更为迅速,预计到 2039 年总碳排放量达到最大值,约14.32×10^9t。

(4)未来传统汽车与电动汽车保有量的变化对汽车总能耗和总碳排放的变化趋势影响较大,由于汽车环境及技术发展等因素的影响,天然气汽车的影响系数相对较小,但其节能减排效益仍需考虑。

第11章 总　　结

城市机动车数量增加以及道路的相对有限带来了交通环境的不断恶化,如何从交通流组织和管理的角度来减少机动车排放及优化交通延误,成为交通工作者亟须研究和解决的问题。随着车载排放测试手段的发展以及交通仿真技术的不断革新,为建立更能准确描述机动车行驶特征的微观排放模型和交通仿真模型提供了可能,机动车微观排放模型和交通仿真模型结合能够定量评价区域的排放状况,从而提出有效的交通组织手段及管理措施,并比较改造后带来的环境效益和社会效益。

本文主要包括以下内容:

(1)选择通过美国环保署(EPA)认证的最新质量型排放测试仪器 OEM-2100,以及在 GPS 基础上开发的车辆行驶工况监测系统联合构建了基于实时路况的车载排放测试数据采集系统;针对机动车在实际道路行驶中受车型和道路等级影响大的特点,选择了红旗、捷达、金杯等车型在涵盖城市四种类型道路的环路上进行了车载排放测试试验,获得了分车型车载排放测试数据及与其时间对应的车辆运行状态数据;比较了不同等级道路机动车的速度区间分布,计算得到了描述各等级道路的机动车行驶工况参数值,在此基础上分析了各等级道路行驶工况内速度、加速度对机动车排放的影响。

(2)确定采用综合涵盖机动车速度、加速度以及道路坡度的比功率作为建模因素,并按照计算准确和便于与仿真软件融合的原则进行了比功率分区;建立了三种车型基于比功率的微观排放模型,并得到了不同比功率分区的质量排放率。这种模型在理论上符合机动车的排放原理,同时数据获取方式可行。可以为通过微观排放模型与交通仿真模型结合来准确量化区域排放总量,并评价不同交通控制策略对排放的影响奠定基础。

(3)通过对长春市目前易发生交通拥堵的区域分析,选择了包含红旗街、延安大街及新民广场的红旗街—延安大街区域作为研究对象,通过对区域实地调研道路结构和交通流数据,采用 Paramics 软件进行交通流仿真;结合微观排放模型计算得到了主干路及区域机动车排放总量及分车型的排放分担率;将记录的机动车样本的实时运行数据进行比功率计算,并与不同比功率区间的质量排放率结合获取了区域分车型的排放贡献率及排放总量情况;确定交通运行特征参数并计算得到了区域主要路段和总体的交通运行状况特征值。

(4)开展以排放优化为目标的单点交叉口信号配时优化及立交改造研究,针对长春市工农广场交通及污染现状的分析,提出了两个以排放为主要指标的信号配时优化方案,并以延误作为辅助验证指标,开展信号配时优化研究;并提出不完全式立交(方案A)和苜蓿叶式立交(方案B)两种方案,结论表明可有效降低车流在交叉口因车流冲突而引起的减速及怠速等待工况,减少了车辆污染物排放

(5)根据红旗街—延安大街区域的道路几何结构和交通特点,选择顺时针方向组织单向交通,并针对公交车辆较为集中的特点开辟了逆向公交车道,通过对交通流进行仿真并结合微观排放模型,计算得到了区域分车型排放优化情况以及排放总量优化情况,并得到了分路段交通运行优化情况以及总体交通运行优化情况。

(6)将红旗街—延安大街区域主要交叉口的信号配时情况作为优化对象,采用Synchro信号配时优化软件,进行了信号周期时长及各相位绿灯时间等参数的优化,将优化得到的配时参数输入Paramics软件,通过对交通流进行仿真并结合微观排放模型,计算得到了区域分车型排放优化情况及排放总量优化情况,并对比了优化信号配时前后的分路段及总体交通运行情况。

(7)不同地域柴油车及汽油车排放存在较大差别,参照相关资料确定基础排放因子,并结合地域差别进行修正,结合当地汽油车行驶里程和保有量等信息,确定了柴油车及汽油车排放清单的建立方法,并以淄博市为例开展应用研究,分析了不同车型及不同污染物的分担率,确定了治理的重点。

(8)引入生物种群竞争机制的Lotka-Volterra模型,仿真分析电动汽车、传统汽车及天然气汽车的保有量变化趋势;基于清华大学Tsinghua-CA3EM模型,利用全生命周期分析方法,分析未来中国汽车发展的节能减排效益。

研究成果可为从微观、中观及宏观三个尺度定量评价城市机动车排放状况提供理论依据,并为从合理运用汽车、交通管控策略实施以及新能源汽车发展等多角度制定面向环境优化的机动车减排策略奠定理论基础。

参 考 文 献

[1] 环境状况公报[EB/OL]. [2010-3-17]. http://www.zhb.gov.cn/plan/zkgb/.

[2] 本书选编组. 中华人民共和国国民经济和社会发展第十一个五年规划纲要学习参考[M]. 中共党史出版社, 2006.

[3] 王岐东, 姚志良, 霍红, 等. 中国城市轻型车的排放特性[J]. 环境科学学报, 2008,28(9):1713-1720.

[4] 郝吉明,等. 城市机动车排放污染控制国际经验分析与中国的研究成果[M]. 中国环境科学出版社, 2001.

[5] 王云鹏, 李世武, 郭栋, 等. 基于 BP 神经网络的城市道路轻型车排放率模型[J]. 交通与计算机, 2007(05):1-3.

[6] 王岐东, 霍红, 姚志良, 等. 基于工况的城市机动车排放模型 DC MEM 的开发[J]. 环境科学, 2008,29(11):3285-3290.

[7] 霍红, 贺克斌, 王歧东. 机动车污染排放模型研究综述[J]. 环境污染与防治, 2006,28(7):526-530.

[8] 姚志良, 马永亮, 贺克斌, 等. 宁波市实际道路下汽车排放特征的研究[J]. 环境科学学报, 2006,26(8):1229-1234.

[9] 贺克斌, 霍红, 王岐东, 等. 城市轻型车实际道路瞬态排放的特征[J]. 中国环境科学, 2006,26(4):390-394.

[10] 李铁柱. 城市交通大气环境影响评价及预测技术研究[D]. 江苏:东南大学交通学院, 2001.

[11] 吉林省经协办[EB/OL]. [2010-3-17]. http://jxb.jl.gov.cn/xsjxb/sxdt/200808/t20080804_428169.html.

[12] 曹磊, 郭琳, 曹晋军. 污染物排放总量控制定量评价模型及其应用研究[J]. 甘肃环境研究与监测, 1999,12(1):5-8.

[13] 夏海芳. 机动车尾气对环境的影响及其污染控制[J]. 化学工程与装备, 2008(11):136-138.

[14] 徐枫, 刘兆礼, 陈建军. 长春市近 50 年城市扩展的遥感监测及时空过程分析 3[J]. 干旱区资源与环境, 2005,19(7):80-84.

[15] 长春市城市总体规划 - 中国城市规划协会 - 建筑行业门户——建筑时空[EB/OL].[2010-3-17]. http://www.buildcc.com/html/49/149-15655.html.

[16] Yu L., Wang Z., Qiao F.. Approach to Development and Evaluation of Driving Cycles for Classified Roads Based on Vehicle Emission Characteristics[J]. Transportation Research Record: Journal of the Transportation Research Board, 2008, 2058(-1):58-67.

[17] 陈琨,于雷. 用于交通控制策略评估的微观交通尾气模拟与实例分析[J]. 交通运输系统工程与信息, 2007(1):93-100.

[18] 冯晓,陈思龙. 改善城市道路机动车排放污染的智能交通手段[J]. 交通运输工程学报, 2002,2(2):73-77.

[19] 王志明,王浩国,张强. 基于热力学模型的液化石油气发动机燃烧放热及排放分析[J]. 机械工程学报, 2001,37(6):82-85.

[20] 谭丕强,陆家祥,王均效,等. 一种预测柴油机微粒排放的新模型——桥式现象学模型[J]. 内燃机学报, 2002,20(6):497-500.

[21] 李怀彬. 解读《中国轻型汽车排放标准》[J]. 汽车工业研究, 2005(009):29-32.

[22] 姜国华,郝汝林,麦瑞礼. 我国轻型汽车排放标准的发展历程[J]. 交通节能与环保, 2008(1):19-22.

[23] 陆红雨. 来自轻型汽车新排放标准的挑战[J]. 汽车工程, 2004(5):538-541.

[24] 薛永红. 清洁燃油质量标准研究[J]. 石油化工应用, 2007,26(5):8-12.

[25] 黄璘. 清洁燃油组成与排放关系研究获重要进展[J].2009(3):124-125.

[26] 邵祖峰. 浅谈城市机动车尾气污染治理[J]. 重型汽车, 2002(1):9-10.

[27] 陈长虹,戴利生. 上海市机动车排污状况与污染控制战略[J]. 上海环境科学, 1997,16(1):28-31.

[28] 郑山亭. 加强重庆市 I/M 制度建设 减少机动车污染[J]. 2007,25(2):41-43.

[29] 王怡,吕海峰,付方平. 推行检测维修制度,控制机动车排气污染——浅议青岛市机动车检测维修制度的实施[J]. 汽车维护与修理, 2007(8):77-78.

[30] 王云鹏,沙学锋,李世武,等. 城市道路车辆排放测试与模拟[J]. 中国公路学报, 2006(05):88-92.

[31] Coelho Margarida C., Frey H. Christopher, Rouphail Nagui M., etl. Assessing methods for comparing emissions from gasoline and diesel light-duty vehicles

based on microscale measurements [J]. Transportation Research Part D, 2009, 14(2):91-99.

[32] Frey H C, Rouphail N, Unal A, et-al. Emissions and Traffic Control: An Empirical Approach[C]. Proceedings of the CRC On-Road Vehicle Emissions Workshop, San Diego, CA, 2000.

[33] Marsden Greg, Bell Margaret, Reynolds Shirley. Towards a real-time microscopic emissions model[J]. Transportation Research Part D: Transport and Environment, 2001,6(1):37-60.

[34] 傅立新, 郝吉明. 北京市机动车污染物排放特征[J]. 环境科学, 2000, 21(3):68-70.

[35] 李伟, 傅立新, 郝吉明, 等. 中国道路机动车 10 种污染物的排放量[J]. 城市环境与城市生态, 2003,16(2):36-38.

[36] 隽志才, 谭云龙, 倪安宁. 公交车辆运行微观交通仿真模型研究[J]. 公路交通科技, 2008,25(8):119-122.

[37] 马因韬, 刘启汉, 雷国强, 等. 机动车排放模型的应用及其适用性比较[J]. 北京大学学报(自然科学版), 2008,44(2):308-316.

[38] Int Panis Luc, Broekx Steven, Liu Ronghui. Modelling instantaneous traffic emission and the influence of traffic speed limits[J]. Science of the Total Environment, 2006,371(1-3):270-285.

[39] 黄琼, 于雷, 杨方, 等. 机动车尾气排放评价模型研究综述[J]. 交通环保, 2003,24(6):28-31.

[40] 姚志良, 贺克斌, 王岐东, 等. IVE 机动车排放模型应用研究[J]. 环境科学, 2006,27(10):1928-1933.

[41] 黄定华. 车辆行驶工况与排放率关系及其数据库研究[D]. 武汉理工大学, 2008.

[42] 刘小波. 深圳汽车行驶工况和污染物排放关系的测试研究[D]. 昆明理工大学, 2007.

[43] Zhang Kaishan. Micro-scale on-road vehicle-specific emissions measurements and modeling[D]. North Carolina State University., 2006.

[44] 黄成, 陈长虹, 戴璞, 等. 轻型柴油车实际道路瞬时排放模拟研究[J]. 环境科学, 2008,29(10):2975-2982.

[45] 潘汉生, 陈长虹, 景启国, 等. 轻型柴油车排放特性与机动车比功率分布的实例研究[J]. 环境科学学报, 2005,25(10):1306-1313.

[46] 王云鹏，沙学锋，李世武，等. 机动车道路排放的实时测试系统开发及试验研究[J]. 公路交通科技，2005,22(8):149-151.

[47] 徐成伟，吴超仲，初秀民，等. 城市机动车尾气排放测试方法模型与应用及展望[J]. 华东公路，2008(5):87-90.

[48] 霍红，贺克斌，王歧东. 机动车污染排放模型研究综述[J]. 环境污染与防治，2006,28(7):526-530.

[49] 胡京南，郝吉明，傅立新，等. 机动车排放车载实验及模型模拟研究[J]. 环境科学，2004,25(003):19-25.

[50] 宋翔宇，谢绍东. 中国机动车排放清单的建立[J]. 环境科学，2006,27(6):1041-1045.

[51] 王云鹏，郭栋，李世武，等. 基于 OEM-2100 的城市道路交叉口排放测试试验研究[J]. 公路交通科技，2009(10):153-158.

[52] Coelho Margarida C., Frey H. Christopher, Rouphail Nagui M. Assessing methods for comparing emissions from gasoline and diesel light-duty vehicles based on microscale measurements[J]. Transportation Research Part D: Transport and Environment, 2009,14(2):91-99.

[53] ZHANG Yingying, CHEN Xumei, ZHANG Xiao, etl. Assessing Effect of Traffic Signal Control Strategies on Vehicle Emissions [J]. Journal of Transportation Systems Engineering and Information Technology, 2009,9(1):150-155.

[54] Ahn Kyoungho, Rakha Hesham. The effects of route choice decisions on vehicle energy consumption and emissions[J]. Transportation Research Part D: Transport and Environment, 2008,13(3):151-167.

[55] 王炜，等. 城市交通系统能源消耗与环境影响分析方法[M]. 北京:科学出版社，2002.

[56] 韩立波. 基于排放分析的单点信号交叉口配时优化仿真研究[D]. 吉林大学，2006.

[57] 孙凤艳. 基于微观交通仿真的城市道路交叉口减排方法研究[D]. 吉林大学，2008.

[58] Zhang K., Frey C. Evaluation of Response Time of a Portable System for In-Use Vehicle Tailpipe Emissions Measurement[J]. Environmental Science & Technology, 2008,42(1):221.

[59] Abdel-Aziz Amr, Frey H. Christopher. Development of hourly probabilistic utility NOx emission inventories using time series techniques: Part II--multivariate ap-

proach[J]. Atmospheric Environment, 2003,37(38):5391-5401.

[60] Inc Clean AIR Technologies International. OEM-2100 Montana System Operational Manual[G]. 2003:1-34.

[61] 城市机动车排放空气污染测算方法[EB/OL]. [2010-3-17]. http://kjs.mep.gov.cn/hjbhbz/bzwb/dqhjbh/xgbz/200510/t20051001_68915.htm.

[62] 闫军. 城市道路分类与城市用地关系[J]. 城市规划, 1997(4):24-26.

[63] 王云鹏, 郭栋, 隗海林, 等. 城市分等级道路车辆运行速度对排放的影响[J]. 哈尔滨工业大学学报, 2009(7):110-114.

[64] 李孟良, 朱西产, 张建伟, 等. 典型城市车辆行驶工况构成的研究[J]. 汽车工程, 2005,27(5):557-560.

[65] Huo Hong, Wu Ye, Wang Michael. Total versus urban: Well-to-wheels assessment of criteria pollutant emissions from various vehicle/fuel systems[J]. Atmospheric Environment, 2009,43(10):1796-1804.

[66] 黄成, 陈长虹, 景启国, 等. 重型柴油车实际道路排放与行驶工况的相关性研究[J]. 环境科学学报, 2007,27(2):177-184.

[67] Jiménez-Palacios José Luis. Understanding and quantifying motor vehicle emissions with vehicle specific power and TILDAS remote sensing [Z]. 1999.

[68] Zhai H B, Frey H C, Rouphail N M. A Vehicle-Specific Power Approach to Speed- and Facility-Specific Emissions Estimates for Diesel Transit Buses[J]. ENVIRONMENTAL SCIENCE & TECHNOLOGY, 2008,42(21):7985-7991.

[69] Frey H. C., Rouphail N. M., Zhai H. Speed-and Facility-Specific Emission Estimates for On-Road Light-Duty Vehicles on the Basis of Real-World Speed Profiles[J]. Transportation Research Record: Journal of the Transportation Research Board, 2006,1987(-1):128-137.

[70] Frey H., Zhang K., Rouphail N. Fuel Use and Emissions Comparisons for Alternative Routes, Time of Day, Road Grade, and Vehicles Based on In-Use Measurements[J]. Environmental Science & Technology, 2008,42(7):2483-2489.

[71] Christopher Frey H., Kuo Po-Yao, Villa Charles. Methodology for characterization of long-haul truck idling activity under real-world conditions[J]. Transportation Research Part D: Transport and Environment, 2008,13(8):516-523.

[72] Pete Sykes, Rob Morris, 胡树成. 微观仿真模型的建立及数据分析[J]. 城市交通, 2008(4):82-90.

[73] Pete Sykes, Bevan Wilmshurst, 胡树成.《交通微观仿真分析指南》概要[J].

城市交通，2007,5(4):85-90.

[74] 魏明，杨方廷，曹正清. 交通仿真的发展及研究现状[J]. 系统仿真学报，2003,15(8):1179-1183.

[75] 臧志刚，陆锋，李海峰，等. 7种微观交通仿真系统的性能评价与比较研究[J]. 交通与计算机，2007,25(1):66-70.

[76] 庄焰，胡明伟，李德宏. 微观交通仿真软件 PARAMICS 在 ITS 模拟和评价中的应用[J]. 系统仿真学报，2005,17(7):1655-1659.

[77] 黄永刚，温惠英，何兆成，等. 基于 Paramics 的多相位感应信号控制仿真研究[J]. 交通与计算机，2007,25(6):45-48.

[78] 长春私家车辆数量骤增 现有道路难堪重负 - 中网资讯中心[EB/OL]. [2010-3-17]. http://www.cnwnews.com/html/car/cn_jtzc/20100223/195327.html.

[79] 崔志华. 城市道路单向改造对交通排放的影响研究[D]. 吉林大学，2009.

[80] Cameron GDB, Duncan GID. PARAMICS—Parallel microscopic simulation of road traffic[J]. The Journal of Supercomputing, 1996,10(1):25-53.

[81] 何兆成，余志. 城市道路网络动态 OD 估计模型[J]. 交通运输工程学报，2005,5(2):94-98.

[82] Ashok K., Ben-Akiva M. Dynamic origin-destination matrix estimation and prediction for real-time traffic management systems, 1993 [C]. Elsevier Science Ltd.

[83] Hazelton M. L. Estimation of origin - destination matrices from link flows on uncongested networks[J]. Transportation Research Part B, 2000,34(7):549-566.

[84] 杨琪，王炜，卢林. 用于 OD 反推的路段交通量观测点设置研究[J]. 中国公路学报，1999,12(5):81-87.

[85] 焦朋朋，陆化普，刘颖，等. 基于交叉路口的动态 OD 反推模型与算法研究[J]. 土木工程学报，2004,37(9):100-103.

[86] 景春光，王殿海. 典型交叉口混合交通冲突分析与处理方法[J]. 土木工程学报，2004,37(6):97-100.

[87] 张晓翠，柴干. 基于延误分析的交叉口信号配时优化研究[J]. 交通科技与经济，2007,9(3):82-84.

[88] 刘广萍，裴玉龙. 信号控制下交叉口延误计算方法研究[J]. 中国公路学报，2005,18(1):104-108.

[89] 宫晓燕，王飞跃，李润梅. 城市单行交通的分析，设置和评价方法的探讨

[J]. 交通运输系统工程与信息, 2005,5(2):85-89.
[90] 江强. 浅谈城市道路单向交通[J]. 交通与运输, 2001(4):21-22.
[91] 吴薇薇, 宁宣熙. 城市街道网单行道改造方案的评估[J]. 系统工程理论与实践, 2009(7):153-159.
[92] 毛保华, 贾顺平,等. 区域交通组织优化方法及实践研究[M]. 北京:人民交通出版社, 2008.
[93] 顾尚华. 单向交通的主要优缺点分析[J]. 华东公路, 1990(006):16-21.
[94] 裴玉龙, 伊新苗. 城市单向交通组织方案规划及其评价研究[J]. 东北公路, 2003,26(003):118-120.
[95] 王玉娥. 城市道路单向交通方案技术评价研究[D]. 湖南大学, 2008.
[96] 陈斌. 交通工程技术[M]. 成都:西南交通大学出版社, 2007.
[97] 王国晓, 杨涛, 陆原, 等. 城市中心地区单向交通系统研究[J]. 城市交通, 2006,4(5):50-54.
[98] 张彬, 李文勇, 陈学武. 单向交通条件下交叉口通行能力分析与仿真[J]. 交通与计算机, 2005,23(003):52-55.
[99] 肖志国, 李杰, 张正亚. 单向交通条件下的公交优先适应性分析[J]. 华中科技大学学报: 城市科学版, 2005,22(B05):159-163.
[100] 高晗. 城市道路单向交通特性的研究[J]. 辽宁省交通高等专科学校学报, 2004,6(1):46-47.
[101] 李彬, 郭冠英, 杨东援. 城市公共交通专用道规划研究[J]. 合肥工业大学学报: 自然科学版, 1999,22(3):57-61.
[102] 肖志国, 李杰, 张正亚. 单向交通条件下的公交优先适应性分析[J]. 华中科技大学学报: 城市科学版, 2005,22(B05):159-163.
[103] 高昆, 张海. 城市交通中的公交优先策略[J]. 交通运输系统工程与信息, 2006,6(2):23-26.
[104] 孙超, 徐建闽. 基于 Synchro 的单点交叉口信号配时优化研究[J]. 公路交通科技, 2009,26(11):117-122.
[105] 刘智勇, 梁渭清. 城市交通信号控制的进展[J]. 公路交通科技, 2003,20(6):121-125.
[106] 杨锦冬, 杨东援. 城市信号控制交叉口信号周期时长优化模型[J]. 同济大学学报: 自然科学版, 2001,29(7):789-794.
[107] 李灵犀, 高海军, 王飞跃. 两相邻路口交通信号的协调控制[J]. 自动化学报, 2003,29(6):947-952.

[108] 吴小丹，余志，何兆成. 基于微观交通仿真的信号交叉口优化方案的评价[J]. 公路交通科技(应用技术版)，2007(5):157-160.

[109] 孙超，徐建闽. 城市单点交叉口的信号配时优化研究[J]. 交通与计算机，2008,26(6):6-10.

[110] 张本，商蕾，陈丹. 基于微观交通仿真的城市交叉口机动车尾气排放评估[J]. 交通与计算机，2008(4):95-98.

[111] 刘洋，史忠科. 基于 Synchro 的多交叉口交通信号控制研究[J]. 交通与计算机，2005,23(6):35-38.

[112] 邹志云，陈绍宽，郭谨一，等. 基于 Synchro 系统的典型信号交叉口配时优化研究[J]. 北京交通大学学报：自然科学版，2004,28(6):61-65.

[113] Alper Unal, Nagui M. Rouphail, H. Christopher Frey. Effect of Arterial Signalization and Level of Service on Measured Vehicle Emissions[J]. Transportation Research Record: Journal of the Transportation Research Board, 2003(1):47-56.

[114] Plan S., Committees S., Committees P., etl. Assessing Aging of Pretimed Traffic Signal Control Using Synchro and SimTraffic[J]. Transportation Research, 2006,2:9P.

[115] Yafeng Yin. Robust optimal traffic signal timing [J]. Transportation Research Part B: Methodological,2008,42(10):911-924.